现代

化妆学

（第三版）

袁梦雅 著

U0377625

东华大学 出版社

内容简介

本书现为第三版，是国内首本适用于大专院校及各类社会专业培训学校形象设计、人物造型专业的教材，同样适用于有志钻研本专业学科的社会人士及人物化妆造型爱好者参考或自学。作者力图通过对化妆历史的简要回顾，对化妆工具、化妆技法及化妆理论的层层铺陈，以及从化妆原理到造型表现的阐述，使读者由表及里地进入内涵丰富的人物造型世界。本书既可作为指导个人形象的实用教科书，也可用作学习化妆技术的工具书。

图书在版编目（CIP）数据

现代化妆学 / 袁梦雅著. -- 3版. -- 上海：东华大学出版社，2013.8
　ISBN　978-7-5669-0351-8

Ⅰ．①现… Ⅱ．①袁… Ⅲ．①化妆-高等专业学校-教材 Ⅳ．①TS974.1

中国版本图书CIP数据核字（2013）第197930号

责任编辑：马文娟

装帧设计：悦天书籍装帧

现代化妆学（第三版）

著：袁梦雅

出　　版：东华大学出版社（上海市延安西路1882号，200051）

本社网址：http://www.dhupress.net

天猫旗舰店：http://dhdx.tmall.com

营销中心：021-62193056　　62373056　　62379558

印　　刷：苏州望电印刷有限公司

开　　本：787×1092　1/16　印张：6.75

字　　数：168千字

版　　次：2013年8月第3版

印　　次：2016年7月第2次印刷

书　　号：ISBN 978-7-5669-0351-8/TS · 428

定　　价：39.80元

序言
PREFACE

　　这些年来，已有好几位学生让我给她们写的书作序。每当此时，心里总有许多感慨！学生们能够著书立说了，作为老师，我感到非常的骄傲和由衷的高兴，因为老师最大的幸福莫过于看到自己的学生能够成才。

　　袁梦雅是个美丽而内向的北方姑娘，从上海戏剧学院毕业后到东华大学担任专业老师。几年的耕耘让她积累了不少教学经验，她希望写成的书给喜欢化妆的年轻人看，希望对学生有所帮助。我很支持她这样去做，也告诉她写书的过程不仅是个学习和提高的过程，更是发现问题的过程。

　　在化妆中，人是化妆的载体，骨骼、肌肉、皮肤是我们在塑造形象中所依据的对象，光与影是体现化妆效果的条件，然而，色彩却是化妆的生命。几乎所有的绘画和化妆，都是运用色彩来美化形象和塑造人物的。

　　要熟练地掌握和运用色彩，首先要认识色彩和了解色彩之间的关系以及它们组合之后将会产生的视觉效果。在这个学习和运用的过程中，人们对美的感觉和理解，对美的塑造和追求，常常很难脱离美学观念中许多被认可的、被待续下来的基本法则。当然，在我们现在的生活中，不管是穿着打扮还是其他领域，色彩的搭配理念也更加宽泛，不断创造出一些新的形式和方法。

　　在袁梦雅的书里，她试图用深入浅出的方法，把色彩在化妆中的运用讲清楚，因为她知道学生应该学习什么和怎么样学习。

　　我希望袁梦雅不断进步和成长，我会一直关注着她。

上海戏剧学院教授、博导　　徐家华

引言
Introduction

人类永远不满足于现实，所以人类才会有进步。这一点在对容貌的追求上体现得尤为明显。

人类文明的出现已经有几千年的历史。人类修饰自身的历史几乎同人类文明的历史一样长。从我们祖先留下的一些史料上得知，自从人类站起来的那一天起，就知道用树叶、兽皮遮挡身体，把吃剩的鱼骨头和彩色悦目的小石头用做挂件装饰身体。当人类进入文明社会后，人们不仅用天然的材料装饰自身，也制造了诸如肥皂、白粉、胭脂之类的物品用以清洁、修饰。古罗马人用肥皂试图把头发洗成金黄色；在古埃及不分男女老幼都有画眼线的习惯；古代中国和欧洲的妇女使用白粉掩盖皮肤上的瑕疵已有几千年；《红楼梦》里也曾记载人们把花瓣捣碎做成胭脂或把花汁涂在指甲上。可见，对美的追求是没有年龄、种族、时代的限制的。随着人类文明程度的提高，人们对完美身体的要求越来越挑剔，对自身美的追求也越来越明确。人们重新描画自己的五官，改变头发的颜色，在身体及脸部的所有地方穿洞，甚至用整容手术的办法使自己看起来更完美。经过几千年的积淀，化妆已经形成了结合美学、人体科学等多门学科的造型艺术，这使得化妆成为人类文化不可缺少的组成部分。人类历史前进的脚步不停止，人类化妆的历史就不会停止。

化妆作为众多造型学科的其中一种，与其他造型艺术有着极大的区别。绘画、雕塑等造型艺术的载体是固定不动的，而化妆的载体是人，人与人之间的千差万别以及人所具有的特殊的灵动性使得同样的颜色线条放在不同的人脸上就会呈现出多样的色彩与情调，而人们的想象力和创造力也赋予了化妆更为丰富的风格和表现形式，这也是化妆这门艺术区别于绘画等造型艺术的独特魅力，所以说化妆具有无穷的乐趣和设计潜力。

目录 CONTENTS >>

第一章

综 述

第一章 综 述

第一节 概念及外延

造型，是指塑造舞台的特有形象，也指创造出的物体形象。

造型艺术这一名词源于德语，德国文艺理论家莱辛最早使用，也称"美术""空间艺术""视觉艺术"。造型艺术，即用一定的物质材料，以一定的表现技法和表现手段，创造可视的平面或立体形象的艺术，其中包括绘画、雕塑、建筑艺术、工艺美术、服装设计、人物造型设计等不同学科。造型艺术与听觉艺术相对，它是一种静态艺术。

人物造型设计是指在戏剧、电影电视剧、舞蹈、展示（服装、产品或艺术品等展示）中对其中的人物、角色进行外部形象塑造的综合艺术手段，包括化妆、表演服装服饰、发型发饰等。

"化妆"也叫"化装"。化妆是人们利用工具达到增强外在美从而改变形象的一种手段。从广义上说，化妆是对人的整体造型，包括服饰、发型、面部、身体做改变；从狭义上说，化妆只是针对人的面部的局部修饰和美化。化妆通过将人体符号化从而成为人的符号。

通常意义上，化妆就是对面部轮廓、五官、皮肤做"形""色"的处理。

一、化妆的目的

古人说："女为悦己者容"。在信息高度发达、大众审美愈加多元化的今天，化妆的目的已经不仅于此，社会的文明程度越高，化妆就越脱离最初"取悦"的局限性，而成为表现自我、重建自我的必要手段。

化妆是人们为了适应实用、场合、环境、礼仪和特定的情景需要而改变自身形象的手段。

化妆的首要目的是出于实用。在现实生活中，完美的人少之又少，人们总是具有这样或那样的缺点，出于对美好形象的追求，人们选择利用化妆的办法掩盖自身缺点。

其次，化妆出于人们对自身形象的审美要求。在社会日益成熟的过程中，人们为了体现自身的兴趣、修养、个性，为了表明"我是谁""我希望别人将我看成谁"，或模仿心目中的理想形象，而通过化妆去改变外形（图1-1）。

此外，化妆也为了适应不同的场合。在现实的社会生活里，人们总是处于各种环境之中，扮演各种不同的社会角色，这就要求人们在外型上能够符合各种身份的变化，并且进行适当的形象包装。恰当的化妆造型会对人们的社会生活与交往起到良好的推动作用（图1-2）。

化妆不仅在生活范围内改变人的外型，在很多特定的情景下根据需要也用化妆的手段改变人的外在形象。例如在电影、电视剧、舞台剧、电视节目、广告、书籍杂志、表演（包括时装表演、文艺演出等）中的人物形象，就需要用专业的化妆手段使人物形象做较大程度的改变，甚至通过改变人物的外型进而改变人物的身份、性格、地位（图1-3）。这需要化妆师具有专业的技能和广阔的设计思路。

图1-1 个性化妆

图1-2 美国演员玛丽莲·梦露

图1-3 时装表演化妆

二、化妆种类

按照造型目的划分，化妆分为生活化妆和表演化妆，其中生活化妆按照化妆场合可以概括为日常妆、日常职业妆、婚宴新娘妆、晚宴化妆、聚会化妆等；而表演化妆分为影视化妆和舞台化妆，是带有一定表演性质的、并且在很大程度上受到外部环境因素的影响，如现场灯光、拍摄镜头、人物背景、服饰或道具等因素。本书着重讲解生活化妆。

按照造型手段划分，化妆分为绘画化妆法、塑型化妆法和牵引化妆法。运用线条和色彩的冷暖、浓淡为造型手段的化妆方法称为绘画化妆法；采用不同材料的堆、贴、垫为造型手段的化妆方法称为塑型化妆法；以绷、吊、牵、拉等手段改变面部型态的化妆方法称为牵引化妆法。绘画化妆法是造型时最常用、最基本的方法，是后两种造型方法不可脱离的造型基础。在生活化妆中，主要运用绘画化妆法进行人物形象的塑造，因此在本书中介绍的化妆方法都为绘画化妆法。

舞台化妆按剧种风格又分为戏剧化妆、舞蹈化妆、戏曲化妆和演唱化妆四种类别。

第二节 影响化妆的因素

化妆是人类文化的一种体现，它不是自生自灭的，它的流行、没落都与社会和人类身边发生着的一切息息相关。

一、实用因素

化妆在发展的过程中除却社会、文化因素的影响，很多时候也有其实用目的。在不同的时代、不同的地区，人们使用化妆品在面部涂抹并非仅仅为了美化自己，而是出于其他目的，如一些土著部落的人脸上画出五彩斑斓的图案或带上恐怖的面具以此来吓退敌人，也有些土著人在丛林中生活，为了狩猎时更好地隐蔽自己而在脸上或身体上涂画掩护色和图案。古埃及人用浓重的孔雀绿色画眼线起初是为了防治因地域气候的原因而滋生眼病，久而久之形成了独特的民族妆面（图1-4）。

图1-4 古埃及人妆面

二、社会因素

人们在社会生活中出于对地位、名誉的考虑，为了得到别人的认可就会按照社会承认的标准来装饰自己，而社会的稳定、繁荣、风气、规范也影响着化妆的发展。中国古代就有"楚王好细腰，宫中多饿死"之说，就是指为了博楚王欢心，宫女们节食以达到腰身纤细的目的。而盛唐时期由于经济的发展和各民族之间的交流，使这一时期的妆面、发型、服饰的华丽达到了前所未有的鼎盛，仅妆面就有十几种之多，眉毛的画法有"十眉图"，变化之多是其他朝代所没有的（图1-5）。

图1-5 十眉图

在17世纪的欧洲宫廷，上流社会的人们偏好用精致描绘的妆容、高大矫饰的假发、华丽沉重服装和优雅的举止来表明其高贵的社会地位；又如在二次世界大战期间由于物资匮乏，一切以实用为主，人们在容貌上更注重清洁而不是修饰，女性对脸部的修饰简单干净，服饰也一改过去的柔润线条，以简洁利落的直线条为主。

三、文化因素

化妆是人类文化的一个分支，它也受到社会主导文化潮流的影响。例如法国巴洛克（Baroque）时期的建筑、艺术和人们的装扮极尽华丽奢侈，在妆扮上不仅女性有着夸张华丽的妆饰习惯，上流社会的男性也使用白粉化妆，用其涂抹腮红，并蓄留长发，而在正式场合还要戴白色假发，处处显示其权势地位。

在欧洲洛可可（Rococo）时期，洛可可风格的流行使得装饰风格趋向精致和矫饰，人们更加偏爱身体面部被彻底美化了的样子，从肖像画《蓬巴杜侯爵

图1-6《蓬巴杜侯爵夫人》肖像画

夫人》（图1-6）中可以看出，侯爵夫人脸上画着浓重精致的妆，头发和身体大量使用珠宝、蕾丝、绸缎、刺绣和蝴蝶结等装饰，与巴洛克风格相比，人们的修饰更加轻快而精美。

如今世界上不少民族还保留自己的装扮文化，这些妆饰习惯也许出于民族的宗教信仰，或是某种神秘的图腾符号，如古埃及人对眼睛的勾画是出于对太阳神的崇拜；新西兰土著人在脸部刺出左右对称的花纹；北美的奥杰布华人在前额或两颊刺出象征图腾的文饰；爱斯基摩人在两颊及下颚用点、线作为纹饰，这些装饰习惯在现代都市人的眼中是怪异的，但在他们自己的民族或部落中却是主流文化。

四、审美因素

在文明社会中，化妆的主要目的是为了审美，审美与民族、时代、文化密切相关，这些因素决定了审美差异，也造成了化妆修饰上的不同。中国历史上大部分朝代对于女性美的要求都是"含蓄""内敛""温婉""柔弱"，人体形态上表现为"修短合度"，良家妇女不能浓装艳抹，要以淡雅自然为主，因此在中国历史上的大多数朝代女性的修饰都突出表现女性内敛柔美的特点；而欧洲的17世纪、18世纪，推崇女性要具有区别于男性、并且更为夸张女性特质，这需要女性利用夸张的化妆、发型和有塑型功能的服装来加强其性别特征，高大的发型、厚重的浓妆、改变体型的束身内衣、钟形裙都是为了强调女性外形特点而出现的。现代社会的审美要求女性追求个性美，信息的快速传播也使审美口味多样化，因此装扮风格更加富于变化，也更多地考虑到舒适感，从而出现了根据个人条件而创造的具有个性的妆扮。

五、流行因素

流行，有时髦、时尚的含义。从一种流行风格可以看到一个时代的特点，比如化妆、发型、服饰，或歌曲、行为、风格、生活方式，甚至一句话，都可以成为流行。有些事物开始出现的时候并未成为流行，甚至为主流所鄙夷；有些流行存在一段时间就消逝了，或许若干年后又重新流行；有些流行却被保留下来，就成为了经典。流行满足了人们的求新、求异、从众的心理。

化妆与流行有着紧密的关系。很多历史上流行过的妆面、发型开始都是由少数人（或有影响的人）发起，随后引起大众的效仿，在我国魏晋南北朝之前，女性的妆面以红、白为主，像汉朝时期妇女流行"愁眉啼妆"。到了魏晋南北朝时期，由于佛教的流行，有些妇女模仿金色的佛像，也在前额涂上黄色，也就是"额黄"，成为流行几个朝代的妆饰。唐代妇女流行八字眉、花钿、点唇等。

当代流行的化妆技法未必全部是创新的，它延续了很多历史、民族流传的元素。在一些化妆水平发达的时期流行过的妆容是现代人闻所未闻和无法想象的，了解这些别具特色的妆容可以让我们在实际运用中得到更多的启发，拓展创造的空间。

第三节 绘画化妆法与绘画的对比

一、形象体现

在大多数情况下，绘画是在平面的材料上进行的，在绘画中，作画者在构图、色彩和光线的运用上具有主动性，在对被描绘物的表现上可以不受对象原有条件的限制，但会受到画布或其他平面画材的限制，是在有限的空间里表现空间的无限；在绘画化妆法中，尽管化妆师也运用色彩和线条去改变人的脸部、头部或身体的原有样貌，但人体先天生理上的凹凸起伏、特殊的皮肤肌理以及人体固有的皮肤色彩会使在其上绘画具有相当的难度，同时，利用化妆材料对人体色彩、质感的重塑或再现也受到人的先天条件的限制，因此绘画化妆法只能在人的原有基础上进行造型设计，这使绘画化妆法所能改变的空间十分有限。

二、视点和光源

面对一幅完成的画作时，观者所看到的对象光源和角度都已被作画者固定，或者说绘画作品在其创作时就决定了其后观赏者的视角。作品中物体的光色体现可以不受原物体自身条件的约束，画面中的物体色彩和肌理不会因为画作处于不同的环境、光线及视角的不同而发生改变，因此观赏者在观看画作时是被动接受的，观赏者所见的即是画家所表现的。

作画者在绘画时有一个固定的视点，并且光源也是固定的，物体的投影和反光都根据固定光源而变化；而在化妆时，化妆后的人可能处在不固定的光线下，光色与化妆色彩融合时产生的效果也许使化妆色彩变淡、变深或消失，因此化妆时必须要考虑到化妆后的色彩与受光色是否协调，再决定化妆色彩的选择。化妆后观赏者可以看到妆面在不同角度的形象，比如化妆后的笔触、色彩和皮肤肌理等因素在光线、观看距离、观看角度的变化后也可能会产生变化，甚至会与化妆师想展示的效果截然相反。

三、形象状态

雕塑、绘画在结束创作之后作品就完成了，无论作品在何种环境中展示，作品想表现的内容都不会改变。化妆表现的对象是活动的，并可能处在多个时空里的形象，而且化妆后的形象还要结合服装、环境、光线甚至被造型者的面部表情和肢体语言这些因素来完成整体造型任务，因此人物化妆其实是多方面共同完成的综合艺术成果。

四、距离选择

绘画可以任意选择距离，画面构图可以根据需要放大或者缩小；化妆中尤其是特殊场景的化妆，如舞台剧的化妆，在化妆时要考虑到被化妆者与观赏者的距离，当观赏者处于剧场空间时，人物形象在观赏者的视觉中只会缩小而不会放大，加之剧场内光线比较弱，人物外在形象特点也会变弱，这些因素会削弱演员的演出效果和形象塑造，化妆在其中的主要作用是让台下的观众尽可能多和快地了解演员的形象、表情甚至角色性格从而更投入地进入剧情，因此在化妆时要根据实际剧场空间情况适当加强面部的轮廓感、色彩感，并通过面部表情的刻画塑造出人物的性格，使人物的形象和表情更加清晰，以适应远距离观看。

第二章

化妆品与工具

第二章 化妆品与工具

工欲善其事，必先利其器。化妆本身是一门操作性极强的学科，因此它所使用的工具是专门针对职业化妆师设计的、功能划分细致的专业化妆用品，化妆品、化妆工具的质量和操作的正确与否直接决定了最终效果。

第一节 专业类彩妆产品种类

职业化妆师的工具箱里有两部分内容：化妆品和化妆工具。

化妆品可以分成三大类：生活类化妆品、戏剧类化妆品、专业类化妆品。

生活类化妆品是指那些在商店或药店出售的彩妆产品，它具有时尚华丽的外包装，其性能和使用方法容易掌握，产品的分类也比较简单，一般的生活彩妆产品在宣传时都会强调它含有天然成分和具有保护皮肤的功能，产品被冠以具有商业性和诱惑力的名称，它针对的对象主要是非专业人员在生活范围内用于自我化妆，而不是为舞台表演或影视制作人员而设计的。

戏剧类化妆品在过去经常被用在舞台剧演出，比如话剧、歌剧、舞剧、戏曲表演等，有时也应用在影视制作里，以化妆油彩为主，这种化妆油彩的粉质颗粒很粗，遮盖力很强，能够在很大程度上遮盖面部原有的瑕疵，并且根据需要改变肤色，适合表现比较夸张的面部五官和表情。它的不足之处在于可供选择的色彩非常少，而且化妆痕迹明显，化妆后的脸需要在特定的环境和灯光下才显得自然，因此现在的化妆师们已经很少应用了。

专业类化妆品是为专业化妆师设计生产的，又可以分成两类：一类是塑造时尚造型的彩妆类化妆品；另一类是为影视制作而设计的化妆品，包括一些不针对普通大众使用的产品，例如黏合剂、乳胶、塑蜡等用于塑造角色化妆、性格化妆的材料。专业类化妆品的种类非常繁多，由于它采用的材料广泛，化妆师可以凭借这些工具和材料塑造出富有创意的造型。本书涉及到的化妆品为专业类彩妆化妆品（图2-1）。

图2-1 专业彩妆化妆品

一、基础彩妆产品种类

（1）底色：分为液体粉底、膏状粉底、粉条和遮瑕粉底（图2-2，图2-3）。

（2）定妆散粉：分为透明散粉、彩色修容散粉，还有添加珠光成分的散粉（图2-4）。

图2-2　水晶滋润修颜液　　　　　图2-3　净白无暇粉底乳　　　　　图2-4　珍珠修容蜜粉

（3）两用粉饼：相对散粉来说含有一定油脂，色彩上可供选择的较少（图2-5）。

（4）腮红：分为膏状腮红、粉状腮红（图2-6）。

（5）眼影：分为粉状眼影、膏状眼影和眼影笔（图2-7）。

图2-5　干湿两用粉　　　图2-6　腮红

2-7　单色眼影

（6）睫毛膏：睫毛膏不仅有黑色、棕色、透明睫毛膏，还有彩色睫毛膏，如蓝色、绿色、紫色、红色；从功能上区分有加长加密睫毛膏、防水睫毛膏（图2-8，图2-9）。

（7）唇膏：包括珠光唇膏、哑光唇膏、唇彩（图2-10，图2-11）。

（8）珠光闪粉：它的色彩感不强烈，但有强烈的光泽感，能够增加妆面的亮度（图2-12）。

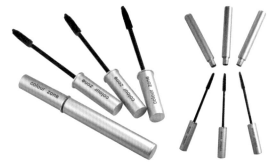

图2-8　浓色纤长睫毛膏　　　图2-9　卷曲睫毛膏

图2-10　水凝唇膏(一)　　　图2-11　水凝唇膏(二)　　　图2-12　珠光闪粉

二、专业彩妆工具种类

（1）镊子：有圆头镊子和平头镊子之分，用于修眉。

（2）小剃刀：可以快速修掉面部和身体上的细毛。

（3）小剪刀：剪刀头略弯，用于修眉和修剪其他化妆用品，如美目贴等。

（4）削笔刀：削眉笔、眼线笔、唇线笔。

（5）棉签：修整面部瑕疵和化坏的部分。

（6）美目贴：市场上有已成型的美目贴和不成型的美目贴产品，可以人为塑造双眼睑的效果或者加宽原有的双眼睑。

（7）海绵：上底妆时使用，这种海绵的孔很细，握在手里富有弹性，可用多块海绵上不同的底妆色彩。

（8）粉扑：在定妆时使用，里面塞有棉花或海绵，用来扑定妆散粉，也可以套在手上，避免手和面部直接接触。

（9）卷睫毛器：有人工的和电动的两种，可把自然睫毛夹弯或把自然睫毛和假睫毛夹到一起。

（10）眉笔：有黑色、棕色、灰色等（图2-13）。

（10）眼线笔：颜色上常见的有黑色、棕色、蓝色，外型上有铅笔型的、管状的和液体眼线笔（图2-14）。

（12）唇线笔：以红色系为主，色彩从棕红到浅紫变化很多（图2-15）。

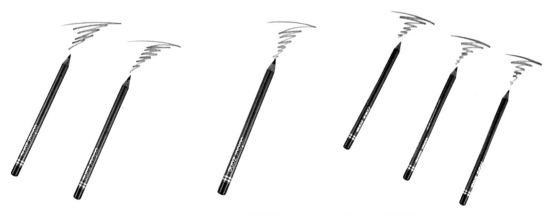

图2-13　眉笔　　　　　　　　　图2-14　眼线笔　　　　　　图2-15　唇线笔

（13）遮瑕笔：快速补妆，遮盖面部瑕疵。

（14）假睫毛：假睫毛的样式很多，以黑色居多，也有彩色睫毛，还有自然型的、单束型的和加长加密型的。

三、笔刷类工具

（1）粉刷：粉刷在外型上比其他刷子要大，用来刷掉脸上多余的散粉（图2-16a）。

（2）轮廓刷：塑造脸部的轮廓和阴影部分。

（3）腮红刷：有斜头、扇型和圆头的，不同颜色的腮红选择刷子时要区别开。

（4）眼影刷：刷头较小，在画各种色调时的刷子要分开（图2-16b）。

（5）唇刷：刷头很小，用来涂抹唇色或者调和各种唇色（图2-16c）。

（6）眉刷：斜头的小刷子，可以把眉毛上的颜色刷均匀（图2-16d）。

（7）眼线笔：毛制成的细笔，蘸上颜色就可以画出各种眼线。

（8）粗笔刷：提亮面部的高光部位。

图2-16　笔刷

第二节　化妆品的特性和差异

一、底色

（1）液体粉底：液体粉底的透明度很高，拍打在皮肤上的效果很轻薄，只能在很小的程度上改变皮肤的色调，对于皮肤上原有的不光洁和斑点不能起到很好的遮盖作用。液体粉底含有一定的油脂成分，干性皮肤、混合性皮肤和正常皮肤都可以使用（图2-17）。

（2）膏状粉底：生活中常见的膏状粉底有管状的，也有压在盒子里的。膏状粉底的成分里含有较多的粉，因此它的遮盖力比较强，能够在很大程度上改变皮肤的色调，对黑眼圈、色斑和不光洁的皮肤有很强的遮盖作用。由于膏状粉底的粉质成分多，不适合干性皮肤。

图 2-17 粉底乳

（3）粉条：粉条里粉的含量非常多，这使它具有很强的遮盖力，适合不光洁、暗淡、色斑等问题皮肤，但是不仅粉的含量多，粉的颗粒也比较粗，拍打在皮肤上会有粗糙厚重的感觉，化妆的痕迹很明显，不适合老化松弛的皮肤。使用这种粉底时用湿海绵拍打，可以减少粗糙的感觉。

（4）遮瑕粉底：遮瑕粉底常用的有绿色和紫色，对那些色调不一致的皮肤有较好的遮盖作用。绿色遮瑕粉底是针对偏红的肤色调和皮肤上的红色毛细血管进行掩盖，紫色遮瑕粉底是针对偏黄的肤色调进行掩盖。遮瑕粉底只是在局部使用，并且要和普通粉底结合使用（2-18）。

图2-18 遮瑕粉底

二、定妆

（1）定妆散粉：透明的定妆散粉可以把粉底固定在皮肤上，使粉底不容易脱落，更具有细腻均匀的效果，并且没有油光，同时不会改变粉底的色调。彩色的修容粉使皮肤具有某种色调，带珠光的散粉还可以让皮肤焕发出光泽感。

（2）两用粉饼：两用粉饼比散粉增加了油脂成分，但是在颜色的选择上比较少，市面上出售的两用粉饼既可以作粉底用，也可以定妆。作粉底用的时候，要用一块湿海绵蘸上粉饼拍打在皮肤上；定妆时直接用粉扑拍在粉底上就可以了。两用粉饼最实用之处在于它适合快速补妆，补妆之后的效果很自然（图2-19）。

三、腮红

（1）膏状腮红：膏状腮红含有油脂成分，要在定妆之前使用，即打好底色再打腮红然后定妆。它适合干性皮肤使用，不足之处是膏状腮红无法像粉状腮红那样可以任意调整色调。

（2）粉状腮红：日常用得较多的是粉状腮红，粉状腮红要在定妆之后使用。它的颜色选择很多，可以随意调整色调，颜色的浓淡也容易掌握（图2-20）。

图2-19　干湿两用粉

四、眼影

（1）粉状眼影：涂抹眼影要在定妆之后，用眼影刷蘸少量眼影粉涂在眼睑上。粉状眼影容易脱落，但是它的色调可以调和，用法上也容易掌握。粉状眼影还分成哑光眼影和珠光眼影，哑光眼影适合在白天使用；珠光眼影中的珠光颗粒有粗细之分，颗粒粗的适合在光线比较暗的环境下使用，颗粒细的可以在白天使用。在白天使用珠光眼影时要注意有时它会使眼睛看上去很肿（图2-21，图2-22）。

图2-20　粉状腮红

2-21　单色眼影

图2-22　眼影粉

（2）膏状眼影：膏状眼影的油脂成分使它必须在上好底色后使用，用过后要用粉定妆。膏状眼影的色调选择不多，但是它上妆持久不容易脱妆，尤其适合干性皮肤使用。

（3）眼影笔：眼影笔适合快速上妆，颜色选择比较少，并且不容易调和色调。

五、唇膏

（1）珠光唇膏：珠光唇膏在上色的同时还能给唇部光泽感，可以根据需要用唇刷在不同颜色的唇膏之间进行色调调和，也可以涂好唇膏后用吸油纸吸去多余的油分，再上一层唇彩（图2-23~图2-25）。

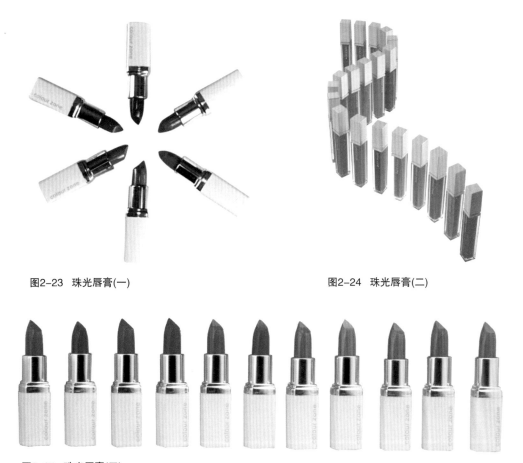

图2-23　珠光唇膏(一)　　　　　　　　　　　　图2-24　珠光唇膏(二)

图2-25　珠光唇膏(三)

（2）哑光唇膏：哑光唇膏适合唇部特别丰满的人，但是对于唇部皮肤比较干的人不适用。哑光唇膏更适合在白天或者比较正规的场合使用，光线暗的环境下哑光唇膏也很暗淡。

（3）唇彩：唇彩的颜色感比较弱，光泽感强，因此它经常和有色唇膏搭配起来使用，来增加唇部的光亮感。唇彩的珠光颗粒有粗细之分，在白天或正规场合适合用颗粒细的唇彩，而颗粒粗的唇彩效果比较强烈，适合光线暗的环境或是夸张的造型。

化妆师通过化妆达到改变人物外形的造型目的，因此化妆品和化妆工具质量的好坏至关重要。好的化妆品和化妆工具可以让化妆师把自己的创作意图表达得更加到位，也更容易达到造型目的，并且在造型过程中给予化妆师灵感。而化妆箱里的工具的选择和保养如同化妆师的镜子，反映了化妆师的品位、修养和职业习惯，因此一个称职的化妆师必定重视自己的化妆工具的质量，并且使它们保持在良好清洁的状态之中。

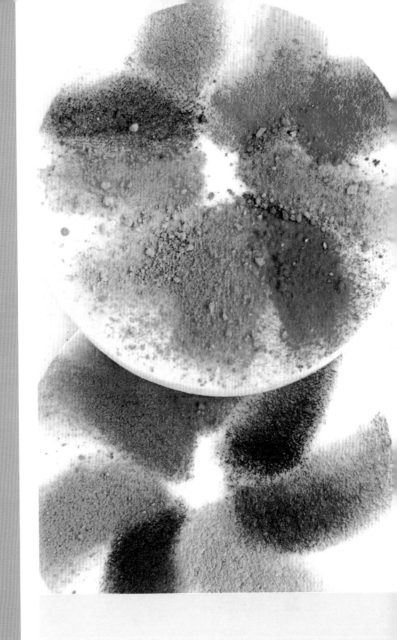

第三章

化妆造型色彩

第三章 化妆造型色彩

　　色彩对一个人的形象乃至一个人的生活都起着重要的作用。色彩是化妆造型的灵魂，是最先引起别人注意的元素。虽然人的脸部在整体形象中所占比例不大，但是头部在人的整体造型设计中是至关重要的，因此脸部化妆常常能决定外观形象的成败，对于脸部形和色的选择与运用是面部化妆主要解决的问题。正确的色彩选择可以使人看上去神采奕奕，充满健康和活力，甚至改变个人风格；反之，不恰当的色彩选择也会有损个人的魅力。

　　很多人在选择色彩的时候都碰到过这种情况，不知道什么样的色彩更适合自己，或局限于使用基本色，又或者盲目地跟着时尚潮流选择了并不适合自己的色彩，从而影响了整体的造型。要想正确地选择运用色彩，首先要了解关于色彩的基本特性。

■色彩概论

一、色相

　　我们把肉眼所见色彩的相貌称之为色相（图3-1）。色相是色彩的首要特征，是区别各种不同色彩的标准。通过命名不同的色相，我们可以对色彩有初步的了解。人们给不同的色彩根据其色彩特点赋予不同的名称，用来区别于其他色彩，如朱红色、孔雀蓝、鹅黄色、粉绿色、玫瑰色等，这些名称将抽象的色彩形象化地呈现出来。

　　我们能够看到色彩的首要要素是光，通过光的照射，我们能够看到物体的颜色，这包括物体的固有色、物体周围的环境色。固有色即物体本身的颜色，环境色是环境色彩反射在物体上使之固有色彩出现变化。

物体呈现的固有色是物体表面对光线的吸收和反射的结果。在阳光的照射下，世间万物通过反射、相互影响而呈现出纷繁的色彩，这些色彩之间存在着不同差别，有些差别非常鲜明，有些差别则是微妙的。

色彩包括有彩色和无彩色两类。具有冷暖变化，在光谱中能够反射出来的颜色称为有彩色，如红、橙、黄、绿、青、蓝、紫等。在光谱中不能反射并且没有冷暖变化，只有明暗变化的黑、白、灰称为无彩色或中性色。

化妆造型时使用的色彩是依附于人体之上的，在环境色、光色和人体色彩的同时作用下，化妆色彩的色相会发生改变。

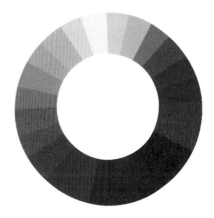

图3-1 色相环图

二、原色

原色是指色彩中最基本的色彩，也叫第一次色。红、黄、蓝即色彩三原色，用这三种颜色中调和可以得到无穷多的颜色，而红、黄、蓝三种颜色却不能通过调和自身来得到（图3-2）。

三、间色

三原色中的任意两种调和可以得到另外三种颜色。如绿色、橙色、紫色，这三种颜色叫做间色，也叫第二次色。

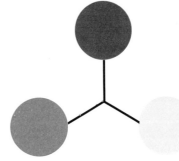

图3-2 三原色

四、复色

复色也叫第三次色，即两个由第一次色和第二次色调和而成。如红+橙=红橙，黄+绿=黄绿，蓝+绿=蓝绿，红+紫=红紫，蓝+紫=蓝紫。

五、补色

补色也叫对比色。每一种间色都和一个原色相对，如红色和绿色、橙色和蓝色、黄色和紫色，而这三组相对的颜色就是一对补色。补色在色环中是距离最远的两个颜色，这一对颜色看起来反差最大。补色之间形成一种对立互补的关系，互补的两种颜色放在一起时，各自会呈现出强烈的色彩个性，如红色和绿色相邻时，红色呈现极红的倾向，而绿色也显出最大的绿色倾向，如果这对颜色相隔较远，则这种强烈的色彩倾向会相对变弱（图3-3）。

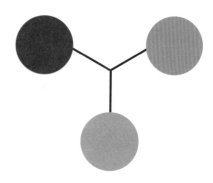

图3-3 间色

补色放在一起是非常难以驾驭的，如果运用不当会使人在视觉上感觉厌倦、疲劳、不协调，运用得当却可以达到其他颜色不能匹敌的活力和跳跃感。在化妆造型中，需要适当运用补色，来达到强烈的视觉冲击力，但要使补色之间既对抗又协调可以在补色的面积、纯度或明度上加以变化，有时可以加进第三种色彩作为缓冲（图3-4）。

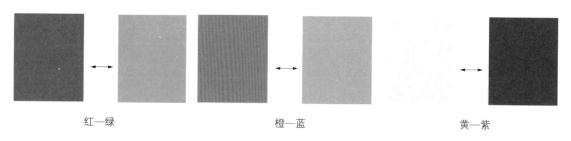

红—绿　　　　　　橙—蓝　　　　　　黄—紫

图3-4 补色

六、明度

明度是指色彩的明暗程度或深浅程度。色彩自身的明度是通过与无彩色的调和提高或降低的。如果要增加颜色的明度，就在这种颜色中加进白色，白色越多颜色越浅，明度就会越高；如果降低颜色的明度，就在这种颜色中加进黑色，黑色越多颜色就越深，直至颜色完全变成黑色，这时明度就降到最低（图3-5）。

　　不同色彩之间也存在明度差别。如在图3-6中的黄色和紫色，黄的明度高，紫色的明度低，在图3-7中经调整紫色明度提高，黄色明度降低。

图3-5 色彩的明度变化（一）

图3-6　色彩的明度变化（二）　　　　　　**图3-7　色彩的明度变化（三）**

七、纯度

　　纯度也叫饱和度，是指一种色彩的鲜艳程度，即在一种色彩中含有这种色彩成分的多少（图3-8）。含有色彩成分多的，其纯度就高；含有色彩成分少的，其纯度就低。如正红色在所有红色之中含有红色成分最多，它的色彩纯度则最高，其他红色如橙红、棕红、紫红等都在红色中加入了不同色彩，红色成分减少，纯度则降低。

　　从光谱中反映出来的七种颜色，即红、橙、黄、绿、青、蓝、紫，属于纯度最高的颜色，与这些颜色距离越近的颜色，其色彩纯度越高，反之属于低纯度的色彩。

　　纯度高的色彩，色彩个性强烈；纯度低的色彩，色彩个性较弱，也容易与其他颜色搭配。

图3-8 色彩的纯度变化

八、色彩的冷暖

色彩的冷暖主要来自于人们在心理上对色彩的感觉。看到红色、黄色、橙色一类的颜色时，人们会联想起火、太阳等温暖的事物，从而产生温暖或热的感觉；看到蓝色、紫色、绿色一类的颜色时，人们又会联想起水、冷气、冰等凉爽的事物，因此产生冷或清爽的感觉。在这些颜色中，使人感觉温暖的颜色被称为暖色，使人感觉凉爽的颜色被称为冷色（图3-9）。

偏冷   偏暖

偏冷   偏暖

图3-9 色彩的冷暖变化

在色彩心理学中，橙红色为最暖色，即暖极；灰蓝色为最冷色，即冷极。除却橙红色和灰蓝色，其他色彩的冷暖都不是绝对的，每一种颜色的冷暖都是相对于其他颜色而言的。如黄绿色相对于翠绿色来说是暖色，但相对于橙黄色来说就是冷色；玫瑰红色相对于朱红色是偏冷色，相对于蓝紫色就是偏暖色。

在女性化妆造型用色中，偏暖色系色彩的使用，容易营造出亲切、柔和、热情的效果，偏冷色系色彩的使用，容易营造出华贵、清爽、明亮的效果。化妆用色是作用于人体之上的，人体本身的色彩与化妆色彩以及人的风格特点相融合，才能塑造出引人注目的造型效果。

九、光色

在生活中，我们看到的物体颜色是由物体的固有色、环境色和反光色组成。光照射在物体上，物体会带有这种光的色彩特征，周围的环境（主要是较近距离的）与这个物体之间也存在着或强或弱的光反射，这导致物体与周围的环境也被对方的色彩所影响。色彩与光是密不可分的，色彩是通过光的照射后才被人眼感知，光色也不一定是单一的色彩，当光色变化时，同样的色彩也随之改变。在化妆中，光的强弱和光源中的色彩直接左右着化妆色彩的呈现效果，因此化妆过程中使用到的光源是需要慎重考虑的。

光源可以分为自然光源和人工光源。自然光源即太阳光，具有色彩还原性，也就是说在太阳光下所选择的化妆色彩不会失去原有的色彩特点，化妆后的色彩会最大程度地呈现出它本来的面貌。自然光源对化妆色起到还原的作用，人工光源却影响到色彩的变化。人工光源含有各种有色光，其中白炽灯是人工光源里最接近日光的光源，因此白炽灯下的化妆颜色也基本忠于原来的色彩。

人工光源里大多是有色光。不同光源里含有不同的色素成分，颜色之间的相互调和可以形成其他颜色，色光与色光之间的调和能形成另一种色光。色光对人的脸部也存在削弱、调和、改变的关系，色光照射在人脸上会对肤色、化妆色调甚至脸部的轮廓线条产生影响，这些影响可以美化脸部，也同样可以令精彩的颜色消失殆尽（表3-1）。即使同一种颜色在不同的光源下其呈现的效果也会显现出很大的差异，因此在化妆造型前要把造型中及造型后所处的环境光源色考虑进去。相对于日光下展示的妆面，在人工光源下化妆及展示化妆效果，化妆色调的选择要更为谨慎。

表3-1 光色对化妆色彩的影响效果

化妆色调	照明					
	日光	红光	黄光	绿光	蓝光	紫光
红色	不变	消失或变淡	不变	变得非常暗	变暗	变淡
橙色	不变	淡化或消失	微微变淡	变暗	变得非常暗	淡化
黄色	不变	泛白	消失或泛白	变暗	偏紫	品色
绿色	不变	变得非常暗	深灰	淡绿色	淡化	浅蓝色
蓝色	不变	深灰	深灰	墨绿	浅蓝色	变暗
紫色	不变	变黑	接近黑色	接近黑色	淡紫色	苍白色

从表3-1可见，色彩并不完全按照我们的想象去呈现，光线中的色彩总是直接影响妆面展示的色调，预先考虑光色对化妆色彩的选择是非常必要的。

十、人体色

人体色彩是由皮肤的颜色、毛发的颜色、眼睛的颜色和嘴唇的颜色构成的。人类由于种族的不同，体现在容貌上也有很大的差别。人种从肤色大致上可以分为四种：白色人种、黄色人种、黑色人种和棕色人种，在每一个人种中，又因为遗传、生活习惯、环境等差异使同一人种的皮肤、五官也存在一定的差别。在本书中我们主要了解黄种女性的面部色彩。

十一、皮肤色彩

皮肤在脸部占据最大的面积，当人们看到一张脸的时候，首先看到的是皮肤，包括皮肤的颜色和皮肤的质感，其次才会注意到细节例如五官的处理，也就是说皮肤在第一时间就可以影响人们对脸部的判断，因此妆面基底塑造的效果往往是妆面成功的关键，分析化妆前的皮肤是为了下一步正确地选择底色和化妆色调。

人的皮肤颜色是由含有多少红色、黄色和棕色（黑色素）决定的。对于黄种人来说，皮肤色调总体上黄色素偏多，但这只能说明皮肤色调的大致情况，同样在黄种人中，皮肤里所含有红色、黄色和棕色的色素水平也是不一样的，因此就会有桃粉色、象牙白、棕黄色等不同的肤色现象。

肤色的整体状况是由肤色的明度和肤色的冷暖组成的。总体来说，黄种人的皮肤颜色属于偏灰色调，从明度上看，偏灰色调是指明度上处于中等亮度的色调，即不属于极亮或极暗的色调。在偏灰色调的黄色皮肤中有冷暖的区别，但并不是冷色的肤色就一定很浅亮，或者暖色的肤色一定比较深暗。例如米白色的皮肤是偏暖的，桃粉色的皮肤是偏冷的，但是米白色皮肤看上去就比桃粉色的皮肤色调要浅一些。只有那些极深的肤色如棕黑色、棕黄色的肤色才是暖色调。皮肤的颜色决定了整个面部的基调，正确分析所属的皮肤色调才能选择与之搭配的造型颜色。

1. 皮肤色彩的类别

在皮肤色彩的分类上，可以分成五种类型：冷色调明亮肤色、冷色调深暗肤色、暖色调明亮肤色、暖色调深暗肤色、中间色调。

（1）冷色调明亮肤色：这种肤色色调很亮，呈现出米粉红色、桃粉色基调，而且这种皮肤色调大多带有一个桃粉色或粉紫色的面颊，皮肤肤质看起来比较薄而透明，容易看到皮肤下的毛细血管，这种脸部色彩显得很年轻而有生气。由于整个肤色基调偏冷，因此这种肤色适合所有冷色调的明亮颜色，例如粉色调、蓝色调、紫色调；而一些比较饱和的偏冷颜色也能衬托这种肤色，例如粉绿色、蓝绿色、淡黄色、玫瑰色，唇色也以明亮柔和的颜色为主，这就是说，在造型用色上要选择那些明度比自然肤色的明度高或低的色彩，而不能选择同等明度的色彩，并且使用纯度高的颜色更容易表现肤色及脸部的清透明亮感。

而相对来说偏暖的颜色，例如深咖啡色、橙色、黄褐色调就完全不适合这种肤色，这些颜色视觉上具有浑浊感，当它们与偏冷色的肤色基调相配时会形成较大的冷暖反差，造成化妆颜色不能与脸颊结构和身体色相融合，肤色会显得晦暗，使妆面显得脏、花（图3-10）。

肤色

适合色调

不适合色调

图3-10 冷色调的亮肤色

（2）冷色调深暗肤色：冷色调的深暗肤色以蓝色和粉色为基础色调，皮肤色彩偏向橄榄色和玫瑰色。整个皮肤色调深暗色彩统一，少有鲜艳红润的面颊色，发色极深，眼球偏向褐黑色，唇部的色调也比较深，并且偏深玫瑰紫色。

　　深暗肤色容易造成沉闷的视觉感受，因此冷色调深暗肤色选择色彩的准则是通过色彩调整脸部的气氛，但明度较高的色彩会与肤色形成太大的反差，不易协调地融合在一起，因此需要选择明度纯度中等范围的颜色，橙色调、黄褐色调以及偏暖的浑浊色彩则不适合，如咖啡色、黄绿色调等色彩会使皮肤显得灰暗。对于这种肤色在选择颜色时应选择色彩纯度中等的颜色或使用对比色搭配，则可以使脸部显得有生气，例如墨绿色—玫红色、天蓝色—淡黄色、玫瑰紫—冰黄色。唇色适合选择鲜艳的、明度比较低并且有光亮感的色彩。另外，一些具有粉嫩效果的色彩，如粉紫、粉蓝、水粉等颜色本身带有轻柔、明亮的特点，与深暗肤色配合容易使肤质显得粗糙，选择这类粉嫩色调时尽量避免与深暗的肤色直接搭配，可以通过降低化妆色彩的纯度、明度的方法使粉嫩色的效果减弱，或作为过渡色、从属色使用（图3-11）。

肤色

适合色调

适合的组合色调

不适合色调

图3-11 冷色调深暗色调

（3）暖色调明亮肤色：暖色调明亮肤色的基调以黄色、米色为主，包括象牙白、桃米色、米黄色肤色，肤质比较细腻，基本没有红润的面颊色，也不容易看到皮下毛细血管，整个脸部皮肤色调比较统一。这种肤色的人通常的头发颜色也带有黄色、褐色、栗色的色调，并且这种肤色的人的眼球颜色从深褐色、黄褐色变化到极浅的、在阳光的照射下呈现出一种透明的且类似蜂蜜一样的颜色。

这种肤色调适合所有温暖明亮的偏暖色，例如象牙色、明黄色、桃红色、黄绿色、浅金色、浅橙色、淡咖啡色、金棕色等，和肤色呈现弱对比的颜色也适合，例如粉紫色、青紫色、浅蓝色，具有微妙冲突的色彩能使肤色显得更加明亮，唇色也适合选择明亮柔和的暖色。黑色和纯白色不适合这种肤色，米白色或棕色调能使皮肤显得白皙细嫩，而那些极冷的色调像翠绿色、玫瑰红、天蓝色，由于和皮肤的对比太强也很难使用（图3-12）。

肤色

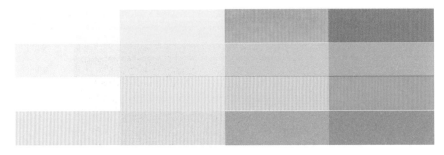

适合色调

不适合色调

图3-12 暖色调明亮肤色

（4）暖色调深暗肤色：这种肤色含有较多的黄色和红色的因素，因此这种肤色是温暖深沉的，仿佛泥土和落叶的色调，包括米黄色、橄榄黄和古铜色。这类肤色大多颜色统一，很少有桃红色的面颊，眼睛是深褐色和深棕色的，头发也是暖色的，有深褐色、棕红色、深栗色和棕黄色，唇色比较深暗。

这种肤色类型不适合带有蓝色调的偏冷色调和浑浊的深暗色调，具有粉嫩效果的色彩同样不适合暖色调深暗肤色，这些色彩作用于皮肤上会使皮肤看上去缺乏光泽且肤质粗糙，如天蓝、灰色、棕黑、深咖啡色、粉蓝、粉红等颜色，而饱和度比较低的暖色，例如土黄色、金橙色、草绿色、墨绿色、赭石色、金棕色都对肤色有很好的衬托作用并且能够调整脸部气氛；另外一些有弱对比的色彩，例如深紫色、紫灰色也可以调整皮肤的亮度，而奶白色比纯白色更适合这种肤色（图3-13）。

肤色

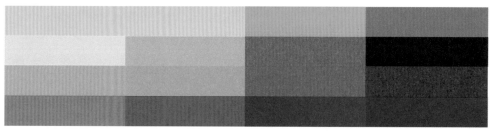

适合色调

不适合色调

图3-13 暖色调深暗肤色

（5）中间色调：简单地说中间色调即是在明暗、冷暖之间的色调，这种肤色的特点是可能同时具有上述四种肤色类型中其中几种的特点，整体肤色的感觉会比较灰，或者整体色彩不够统一，尤其是双颊、额头、下巴等部位容易出现不均匀的肤色现象，毛发色、眼球色同属于中间色调，这使头面部整体呈现灰调的效果，从而使面部缺少生气。类似的肤色在造型中首先是利用底色统一整体色调，然后根据肤色的倾向性用底色把肤色调整到偏暖或偏冷，之后利用色彩的对比效果调整脸部的明暗层次。

总之，中间色调使用的底色主要是调整肤色的冷暖，使之具有明确的冷暖效果，但不建议拉大化妆底色与原有肤色的明度差距，应该利用色彩对比转移对肤色晦暗的注意。

在生活化妆造型中，化妆师并不能完全对一个人进行改变，越是日常化的妆容对人的改变程度就越小，这更符合大众的欣赏习惯。皮肤也是这样，接近日常化的妆容在皮肤的颜色处理上只是做轻微的调整或不做改变，因此大部分的日常化妆包括职业化妆的皮肤颜色以自然健康为主，重点在肤色调的统一性和光洁的皮肤质感，也正因为这样，很多皮肤上的瑕疵在淡妆的情况下是掩饰不掉的，相反在一些比较隆重正规的妆面上，可以运用遮盖力强的底色改变皮肤颜色，配合人工光线可以让肤色达到理想效果。理想的皮肤颜色可以选择更多的化妆色调。

一般说来，冷色调的肤色选择底色的时候适合偏肉红色调的底色；暖色调的肤色适合选择偏黄灰色调的底色。需要指出的是，化妆后的皮肤颜色不是粉底的颜色，也不是皮肤的本色，而是这两者的混合颜色，因此选择底色就非常重要，底色和皮肤的本色之间的明度、冷暖差距不能太大，也不能一步到位地把肤色涂抹得很白，而是要分成几步来做，如通过提亮脸部的骨点或中间色来提亮整体的明亮度，否则本来的肤色从底色里透出来会显得很虚假。

总体来说，东方人尤其是中国人的皮肤颜色属于偏暖灰色调，那些偏冷的、饱和度高的颜色容易与暖灰的肤色形成强烈的反差，在化妆中要谨慎使用这些颜色。暖色对于东方人的皮肤更有亲和力，冷色可以使妆面干净清新。所选化妆色调如果和皮肤色调的冷暖或明度接近，妆面的整体效果会比较平。相反，在肤色调和化妆色调之间的明度和冷暖上拉开距离，就能够表现出生动的整体效果。

同样的色彩技法放在不同的面部结构上其最终效果可能会有所改变，因此在用色彩技法塑造面部时，也需要分析面部特点来决定如何运用色彩。例如有些人的五官轮廓感比较弱，可能需要用线条加强轮廓感；如果因为五官的轮廓感太强而缺少柔和感，就需要用色彩来削弱轮廓感而使妆面氛围轻松。

（十二）肤色

皮肤色彩是人体色彩的一部分，人的整体色彩特别是头部色彩是皮肤色彩、毛发色、眼球色、唇色的色彩综合，在这些色彩中，由于皮肤在头部分布的面积最大，因而确定了人体色的主要基调，从而影响下一步对化妆色的选择，此外，眼球、头发、眉毛、睫毛、嘴唇的颜色也因不同人的先天色彩差别而有所差异，这些差异或多或少地对脸部的颜色运用选择起到影响。

人的面部色彩中，除了皮肤的颜色影响化妆色调外，眉毛、眼睛、唇色所具有的颜色也左右化妆颜色的选择。

注意观察可以发现，每个人自身的毛发（包括头发、眉毛）颜色和眼球的颜色是一致的，尽管黄色人种的这些体色都偏深，但是这些部位的颜色还是有冷暖深浅变化。人体上的毛发和眼球颜色综合起来有这些色彩范围，黑蓝色、深褐黑色、褐色、黄褐色等，在这些色调中，黑蓝色属于冷色调，其余属于偏暖色调。体色的冷暖和皮肤的冷暖也是协调的，即暖色调的肤色搭配暖色调的体色，冷色调的肤色搭配冷色调的体色，这是人的自然生理特征规律。在化妆中，选择同一色调或相近色调的颜色和体色进行搭配，在视觉效果上就显得协调柔和，而互补等差距较大的色调和体色搭配就会有生硬感。

人体色有其一定的生长规律，在不同体色当中，以毛发色与肤色配合的生长在色彩上有以下规律：

1.冷色调明亮肤色对比Ⅰ型

在黄种人中，冷色调明亮肤色的特点是整体色彩偏冷，其毛发色与肤色之间的配合有两种类型，第一种类型为整体冷色调中带有少量米色或根本没有米色，如粉色或粉黄色，头发为黑色、黑棕色、柔黑色，眉毛、睫毛相同。对于这种肤色，所选择的色彩范围以偏冷色为主，是所有肤色能选择的色彩范围里最冷的一部分色彩，如玫瑰色、天蓝色等。

2.冷色调明亮肤色对比Ⅱ型

这种体色类型的特点为底色属于粉色或粉黄色，如瓷色、玫瑰米、浅橄榄色、米色等，整体冷色中带有米色或米黄色的色调，如果肤色为此种色调，发色为较深的棕黑色，则由于肤色与极深颜色头发的强烈反差，整体外观呈对比比较强烈的效果；如果肤色为此种色调，发色却倾向黄褐色或棕黄色，那么肤色与毛发色的对比强度就比较弱了。

此种体色的色调适合的造型色彩选择为紫色和淡紫色、海军蓝、黑色和松树绿、深蓝红色、自然色、淡紫粉色、或玫瑰红，不适合以暖黄色为底色的颜色，如棕色、南瓜色、橙绿色、或米色。

3. 中间色调

中间色调的底色既不是暖色也不是冷色，肤色为粉色或微黄色，皮肤色调的范围从粉色或象牙色到带黄色的微橄榄色，如米色、浅黄色、象牙色，头发为从柔黑色到偏深的棕色，再到发红的深棕色，发色的色调变化十分丰富，皮肤与头发的对比强度为中度到高度，对于色彩的选择应选择纯度中等的柔和色彩如浅紫、淡黄、玫瑰色等，色彩的明度与肤色拉开差距，不适合纯度较高的色彩或者混浊的混合色，例如芥末黄、嫩绿、深灰，或者用于面部的薰衣草色和紫红色的口红、腮红。

4. 冷色调深暗肤色

这种肤色为玫瑰米色、浅橄榄色、橄榄色、米色、浅黄米色、黄橄榄色、深橄榄色等，头发为黑色或柔黑色，肤色与毛发色的对比不大。翡翠绿和紫色、薰衣草和海军蓝、玫瑰色和紫红色都适合这种体色组合。但不适合铁锈色、橄榄色或芥末色等深色混浊色调。

5. 暖色调明亮肤色对比Ⅰ型

这种皮肤色调为粉色或黄色，肤色范围从瓷色到暖色调的桃红或浅米黄色，总体外观呈暖色，皮肤与头发对比较弱，其适合色调包括了明度较浅的及从暖色到微暖色的各种颜色，属于明亮、鲜艳、清爽性色调，最佳化妆色是以黄色为底色，颜色包括珊瑚红、桃红、杏色等色调，或者将暖色和偏冷色搭配起来，可以取得强对比、引人注目的效果。最佳白色是米白色和象牙色。

6. 暖色调明亮肤色对比Ⅱ型

这种皮肤整体色调呈暖色，皮肤头发色调对比强烈，底色为黄色，肤色偏桃红、浅黄米色、浅橄榄色、橄榄色，头发为浅棕色、中棕色、深棕色等不同明度的棕色调，适合紫色和黄色，玫红色和紫罗兰色的色彩组合，而一些浅嫩的冷色调如冰蓝、浅灰和嫩绿则非常不适合。

7. 暖色调深暗肤色

这种皮肤整体色调较深，呈现深橄榄的棕色或古铜色，发色为黑色、黑棕色、中棕色等极深的棕色调，眼球色、眉毛色、睫毛色与发色接近，整体都会有深暗的暖棕色甚至暖金色的色调，发色与肤色的对比柔和。最适合的色彩选择为金色、象牙色、紫罗兰色等饱满、深沉的偏暖色，而偏冷色调及浅灰色调以及纯白色则与体色差距较大不宜选择。

色彩本身是感性的。在化妆造型中，色彩设计不应该人为设置局限，尽管在造型设计中色彩的运用具有一定的规律，并且受到人体先天条件的制约，但由于色彩有无穷的变化，在遵循这些色彩规律的前提下，充分利用色彩的组合、谐调、对比等特性以及个人的创造性，在各种色彩变化组合中，将会得到更多的新鲜有趣的造型。

第四章
人的头面部结构与化妆

第四章 人的头面部结构与化妆

　　自古以来，人们为美制定了种种标准：自然界充满蓬勃生机的美；音乐旋律跌宕起伏的美；文学诗歌感人至深的美；建筑雕塑凝聚智慧的美……人体的美在大自然中是独特的，人体的结构、不同人种的不同肤色、丰富的面部表情无不透露出人类有别于其他物种的美感。通过漫长的历史进程，人们逐渐发现并完善了自身的美感，并制定出了精确人体比例标准。公元前5世纪的古希腊雕塑家波里克雷特认为，理想的外型标准是"头部的七倍半是身长"；而达·芬奇制定出了相当精确的人体比例图，他规定了包括头部在内的形体尺度，认为"人体是大自然中最完美的东西，而人体的比例必须符合数学的某种法则才是美的，例如，人体各部分之间要成简单的整数比例，或者要与圆形、正方形等完美的几何图形相吻合"。

第一节 头部骨骼与化妆造型

　　了解各种种族、年龄、性别、性格不同的人的头部骨骼特征，对于化妆造型的创造是非常必要的。人的面部是由皮肤、肌肉、骨骼构成的，由于不同人种、不同性别的头骨结构的差别，不同人的脸型在宽度、长度或者各部分的比例上也同样存在差别。人的面型在我国古代肖像画理论中总结为"八格"，即扁而圆为"田格"，下阔而上狭为"由格"，方脸为"国格"，上方下阔为"用格"，长方脸为"目格"，上方下窄为"甲格"，枣核脸型为"申格"，大腮脸为"风格"。八种脸型的基本型主要由脑盖骨和颜面骨两大骨形成。由于两大骨点形状和比例不同人之间的差异较大，因此构成不同的脸部基本型格、胖瘦等头面特征。

一、头部骨骼和肌肉

头部骨骼是面型的基础，肌肉则是显示各种人物面型的年龄、性格、身份等特征的更有表现力的因素。分布在面部各部位的骨骼与皮肤间的肌肉有咀嚼肌和表情肌两大类。表情肌分布于五官四周，人的感情心理变异指挥着它们的张缩，例如额肌可以使双眉向内外或上下做对称和不对称的动作。皱眉肌收缩时在眉间形成竖沟纹从而产生凶狠或全神贯注的表情。眼轮匝肌分上下眼帘两部分，可显示眼睛的各种表情。口轮匝肌的厚、薄影响到口的大小和开合动作。随着年龄的增长、不同的经历，每个人的个性、心理特征都在自己的面孔上留下痕迹、形成一定的规律，熟悉和掌握这些规律，对塑造人物形象性格有很好的表现力（图4-1）。

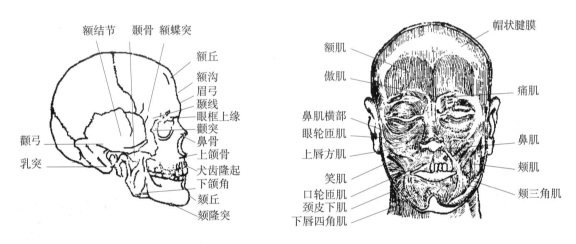

图4-1 头部骨胳与肌肉

人的头部是立体的，如果把人的头部看作一个球体的话，人的脸就是这个球体上的一个弧面，或者说在俯视或侧视脸部的时候，人脸就是扣在一个面上的半个蛋壳，因此人脸的最明显特征就是具有立体感，而五官则分布在这个立体的弧面上，在空间上有远近的差别，五官则同样具有立体感，正因如此，化妆时要遵循立体规律刻画面部轮廓和五官，即暗部、亮部和中间色。脸的暗部是那些向空间内延伸或没有骨骼支撑、只有肌肉和皮肤的部位，这些部位在脸部自然受光的条件下色彩偏暗灰，但是脸的暗部有层次之分，如按照最暗、比较暗的部位去加重刻画，整个脸部的立体感才会具有层次感；中间色在脸部的分布面积最大，从色彩上来看是直接反映皮肤颜色的部位；亮部是脸部有骨骼支撑的部位，即骨点，这些骨点是脸部受光最多的地方，也是整个脸部空间中最靠前的部位，因此刻画立体感的时候要有意提亮这些部位，并通过提亮骨点亮度的层次调整脸型。

二、头面部构成形式

1. 比例

在人体审美比例中，最著名的是古希腊数学家毕达哥拉斯提出的"黄金比例"。黄金比例即1:0.618或1.618:1，古希腊雕像维纳斯的身体比例也符合黄金比例（图4-2）。这个比值被广泛运用到各种视觉造型设计中。

在人的面部比例中，三庭五眼是基本的比例要求。三庭是指前额发际线到眉头、眉头到鼻底、鼻底到下颌底三部分，这三部分的长度应相等；五眼即脸部在正视的角度时，脸侧的边缘线到相邻的内眼角应为两只眼睛的宽度，另外一侧的脸部相同，再加上两眼内眼角中间的距离，这五段的宽度相等，并且每一段的宽度都相当于一只眼睛的宽度，即总共五只眼睛的宽度（图4-3）。事实上，生活中的很多人并不完全符合这个面部比例标准，但是利用化妆、发型等手段可以掩盖或接近标准，达到视觉上的平衡。需要强调的是，比例并不是衡量人的面部美或不美的绝对标准，现实生活中也可以发现很多并不合乎标准比例的美丽面部，人的面部美综合了多种因素，合乎比例的面部，在视觉上有舒适的美感，对于比例失调的面部，可以通过化妆的手段调整面部的比例使之达到和谐，这也是继续造型的基础。

2. 均衡

均衡包括视觉上的平衡和心理上的平衡。在艺术设计中，均衡有两种表现形式，一种是完全对称

图4-2

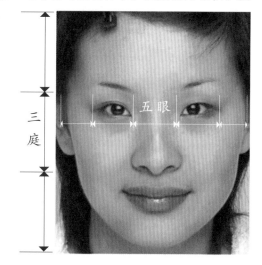

图4-3 三庭五眼

式，一种是不完全对称式。在人体中，绝大部分人的身体包括面部是不完全对称的，达到完全对称的人少之又少。需要指出的是，只要不是强烈的扭曲，细节上的不对称并不会破坏整体上的美感，刻意营造的不对称有时还会带来生动感。对于不对称的面部，在化妆上可以通过调整左右脸的五官大小、高低、粗细、色彩和阴影来达到视觉上的均衡。

均衡还体现在妆容与脸部、形和色互相协调的整体效果中。在没有修饰的脸部，会存在某一部分空间过于狭小、过于空旷或色调过深过浅的情况，进而影响面部的均衡感，这种情况需要加重或减弱某一部分的色调来达到整个妆容的均衡。

3. 强调

强调是重要的表现手段之一。在化妆造型中，会遇到面部形形色色的缺点，"画"是在平面上制造立体的错觉，因此仅仅用"画"的手段把这些完全掩盖掉是很难做到的，特别是在生活化妆中，过分的掩盖只会弄巧成拙。在面部化妆中通过强调这一手段有助于转移别人对面部缺点的注意，强调面部优点。其次可以强调表现的主题或重点，如脸型优势、五官优势或某种妆容。这也说明完成后的造型应该有主次之分，主要的部分也就是要强调的部分应该是面部的优点或者是化妆师想要突出表现的地方，次要的部分应该是刻意被忽略或者是面部的缺点。

在没有缺点需要掩盖的面部，强调仍然是造型成功与否的关键。在表现美的过程中，好的化妆师应该懂得舍弃，如果脸上的每一个部分都尽全力去表现，最后的结果就是妆面平平，毫无精彩之处。生活妆容主要重点强调以下两点：

（1）强调线条：五官线条或脸型轮廓柔和优美，就应强调轮廓的线条，色彩上就保持干净轻快。

（2）强调色彩：五官太平淡或者五官太突出的人，适合强调色彩转移别人的注意力。五官突出色调浓重的人，适合强调色彩的淡雅轻快；五官较小色调较弱的人，适合强调色彩的明亮鲜艳，进而在视觉上达到平衡。

4. 节奏

说到节奏，往往会联想起音乐，音乐中的节奏变化引领着情绪的波动，而化妆造型中的节奏主要体现在色彩的变化上。在妆面造型中，一种或多种色彩在不同部位的重复运用、颜色之间的渐变及对比以及色彩的面积变化可以在视觉中形成跳跃感，这就是化妆造型的节奏。同色系色彩明度、纯度、色相的变化，不同色系色彩的冷暖对比、调和，在人的视觉上都起到节奏的作用。同色系、邻近色系色彩的搭配对比较弱，节奏感也和缓，不同色系的色彩在色相、明度、纯度上拉开的距离越大，节奏感就越强鲜明，视觉效果也更强烈。

5. 质感

质感分成很多种，如冰冷、坚硬、柔软、粗糙、光滑、厚重，人的面部光滑细腻的皮肤，柔软弹性的唇部，粗硬的毛发，明亮的眼睛，也构成了特殊的质感。原本好的质感用化妆品去遮盖掉，就起了画蛇添足的作用，而缺乏天然优质的质感，就需要用化妆品来重新塑造出质感。

色彩也有同样的质感。淡粉、浅桔等粉嫩的色彩会给人柔和、柔软的感觉；浅黄、淡绿、灰蓝等清淡的色彩会给人柔软光滑的感觉；金棕、古铜会给人金属的感觉；夜蓝、青紫会给人坚硬的感觉。将色彩的这种质感运用到妆面造型中，会对整个妆面的气氛起到很好的烘托作用。

6. 整体

整体不仅是指将造型完成，而是完成后的造型在视觉上的整体统一性。在完成后的造型里，每一个部分，如眉毛、眼睛、鼻子、唇部、皮肤、色调，都像一场戏里的演员，它们有不同分工，所有的演员都在为这整场戏服务，它们要做到的是如何演好自己的戏，掌握自己应有的戏份，同时又要与别的演员协调好，烘托整个戏的情节气氛。在面部化妆中，五官、皮肤、色调、技法都是在为整个妆容和风格服务，而不能喧宾夺主。

第二节　女性面部美的标准

在各种文化形态中，男性和女性都应分别具有"阳刚之美"和"阴柔之美"，即男性的外观美体现为棱角分明的轮廓、强壮有力的体魄、浓密的毛发以及深邃的五官，而美丽的女性应该具有匀称丰满的身材、圆润柔和的面庞、精致小巧的五官，并且与温柔、优雅、甜美、娇嫩等词汇相关联，这些是女性特有的、区别于男性的女性特质，这些特质由内而外地反映在女性的外观上。达·芬奇认为，"女士须具备三白（皮肤白、牙齿白、手白）、三红（唇红、颊红、指甲红）、三黑（眼睛黑、眉毛黑、睫毛黑），且符合理想体型的标准"，这样的女性才是美的。

对于女性来说，美丽面部的要求首先是脸型的轮廓，面部轮廓没有生硬的骨感，相对男性来说有较多的皮下脂肪，具有柔和的线条。在各种脸型中，椭圆形、菱形、圆形都具备了这个特征，相对于圆形来说椭圆形、菱形在视觉上更具有纤巧感，而椭圆形脸型在纤巧之上还具备含蓄、柔顺的特点，这与传统的女性特质刚好吻合，因此在历史上，与代表男子阳刚之气的方型脸相反，东西方都以椭圆型为女性的标准脸型。

面部比例也是衡量女性面部美的一个标准。面部比例既包括脸型与五官型之间的比例，也包括五官之间的比例，这两部分比例既是直观的视觉平衡，也包括心理上的平衡，即五官的色和五官的型结合后的比例均衡感。

女性的柔美还体现在皮肤的色泽上。在人的生理特点中，成年女性的皮肤厚度相对男性要薄，成熟后的女性皮肤普遍较之成年男性要更白皙、细腻、红润、富有弹性，因此通过外部手段如化妆或美容去刻意营造这个特点可以强化女性的性别特征，突出年青女性的姣美。此外，明亮、线条优美的眼睛也是体现女性魅力的重点之一，在化妆中经常会运用各种色彩和化妆手段使眼部成为整个脸部的焦点。如在中国传统审美中非常崇尚"丹凤眼"，在京剧花旦造型中一直用黑色上挑的手法表现丹凤眼，眼尾斜扫入鬓，配合绯红色腮红的使用，使女性的眼神流连婉转，表情含羞带怯，增添了年轻女性无限的妩媚。此外，弯曲纤细的眉毛也有助于眼神的表达、脸型的修正，而丰满圆润的嘴唇也是女性区别于男性的女性魅力所在。

第三节 女性脸型分类

（1）椭圆脸型：比例标准，容易与五官搭配。

（2）圆脸型：脸型较短，皮下脂肪较厚，脸型显大，不适合搭配太小五官，刻画五官时可以运用直线条加强五官的硬度。

（3）长方脸型：骨感较强，用弧线条柔化脸型，如较柔和的眉型、唇型，用腮红中和过硬的骨感。

（4）正方脸型：用修整长方脸型的方法来调整骨感，用提高眉毛和腮红的位置的方法来加长脸的长度。

（5）菱形脸型：柔化眉毛的弧度，用腮红或阴影遮盖一部分颧骨，弱化脸部骨点。

（6）正三角脸型：用阴影或发型遮盖下颌骨，提高眉毛的角度，着重提高颧骨、鼻梁骨、眉骨及额头骨点的亮度。

（7）倒三角脸型：柔化眉毛的角度，提亮颧骨、眉骨和鼻梁骨。

每一个人都具有独特的面部特征，有的人在这些特征上表现出生动、迷人的特点，有的人却让人感到不协调，而有的人把五官分开来看都没有缺点，可是合在一起就觉得不舒服，又或者有的人只要修眉就够了，而有的人必须每一步都精心刻画，这就要求造型师事先了解这些面部特征，用化妆的手段发掘出面部最大的魅力，而不是仅仅依靠技法盲目地去画。具体可以从五官比例、表情、年龄、气质等方面分析（图4-4）。

　　在生活里，化妆师的工作就是塑造美，因此化妆师自己首先要树立正确的审美意识，如果化妆师不能充分了解什么是美的形象，那怎么能达到美好的目的呢？更重要的是，化妆师在造型的过程中也把关于美的理念传达给被造型者，不正确的审美观会误导他人，也会使被造型者产生不信任感。很多生活化妆师又是时尚引领者，因此化妆师就要贯穿东西，打破局限，熟悉美的各种形式，才能创造出真正美的形象。

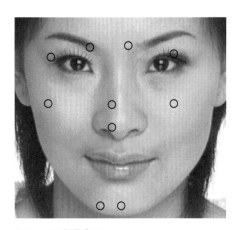 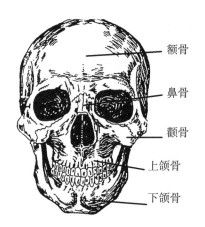

额骨
鼻骨
颧骨
上颌骨
下颌骨

图4-4　面部骨点图

第五章
局部修饰技法

第五章 局部修饰技法

第一节 颜面

一、 粉底的作用

颜面是一个妆面的基础，它包括皮肤基底的颜色色调和皮肤的质感，理想的皮肤基底应该具有光洁、干净、弹性的质感、健康的颜色以及自然的光泽感。化妆的原则是扬长避短，原有的完好皮肤应该保持它天然的样貌，不理想的皮肤就应该利用粉底重新制造出好的色泽和质感。

粉底的首要作用是统一皮肤的整体色调。尽管人的面部皮肤颜色有冷暖深浅之分，但在同一面部的肤色基调中还存在与整体肤色不一致的颜色偏差，这些色彩不均匀的部位一般在眼睛周围、鼻唇沟、嘴角等处，这些部位由于油脂分泌过多等原因颜色比主色调略深；也有些人的脸部在较大的面积上会出现颜色偏差，如额头、鼻子和下巴处这些油脂分泌较多的地方；有些皮肤在两颊部位容易泛红或看得到皮下的毛细血管，这些色调不统一的地方使整个面部肤色看上去很花，影响对化妆颜色的选择，进而影响妆面的精致感和洁净感，因此首要考虑用与肤色接近的粉底统一面部的皮肤基础色调。

粉底的第二个作用是改善皮肤颜色。化妆时大多数的情况是将肤色提亮或降低肤色的亮度，这主要根据化妆后的受光和化妆的目的来决定。受光越接近自然光，粉底的亮度就越接近皮肤原有色调，并且要选择质地较薄的粉底；而如果受光是人工光线或含有色光，其色光的色彩倾向越强，粉底颜色与肤色的亮度差距可以增大，这能够在很大程度上改变原有肤色，粉底的质地也随之增厚。

选择粉底时根据光线、化妆目的、皮肤状况去考虑粉底的颜色、亮度和质地，除此之外，化妆后被化妆人与他人的距离也是影响粉底亮度和厚度的因素。一般来说，与他人有近距离接触时，适合选择在颜色和质地上接近自然皮肤的粉底，距离远就可以选择与皮肤的颜色差别较大的粉底。

化妆中也有将肤色加深的情况，但是无论如何在日常生活中，粉底的颜色选择应该在脸部本来肤色的最暗至最亮范围内，这样即使距离很近效果也会很自然。

二、立体修容

立体修容就是利用粉底的颜色塑造出面部柔和的立体效果，这种立体效果痕迹较淡，因此生活日妆时可以使用。步骤如下：

（1）先选择一个理想的粉底颜色（与肤色的整体颜色接近，并尽量是液体粉底），在整个面部均匀地覆盖一层，在脸的侧面不打或打得较薄，这一步要统一肤色的色调。这是最后反映出来的底色，在整个立体底色中属于中间色。

（2）用棕色的粉底在脸的侧面根据脸型薄薄的打上一层，注意与上一层粉底自然衔接。

（3）用比较亮的粉底（最好是粉底霜）在这些区域提亮：眉骨、眉弓骨、颧骨、鼻梁骨、额头的骨点。下颌，最亮的部位通常在颧骨、眉弓骨形成的三角区。

（4）最后定妆。

第二节 阴影和腮红

一、阴影的作用

阴影的作用是使面颊具有立体感。人的脸部结构具有自然的立体感，但立体感在某些情况下会变弱，一种情况是粉底将肤色提得很亮，这时脸部轮廓会比较平，需要用阴影区别脸部的正面和侧面；第二种情况是在舞台表演或者电影电视中出现的妆面，由于有人工光源并且距离较远，脸部的轮廓相对较弱，也需要用阴影加强轮廓感；第三种情况是对于一些脸型比较圆宽、线条过于柔软的面部可以用阴影拉长收窄脸型，并且强化脸部线条。需要注意的是，在日光下浓重的阴影色会看上去很虚假。

1. 阴影的位置

阴影的位置相对比较固定，标准打法是打在脸侧的颧骨上，但是不能盖住颧骨，向脸的正面延伸时不能超过颧骨的骨点，而且延伸时应该逐渐淡化到底色中去。实际运用中根据各种脸型调整阴影的高低和面积：脸型长阴影的位置就放底，脸型短阴影的位置就抬高；脸型大阴影的面积也增大，脸型小阴影的面积就缩小。

东方人的脸型很多下颌比较宽，如果要利用阴影收缩下颌，阴影必须从脸的下方和耳后朝脸部扫，并且这个部位的阴影色不能比颧骨部位的颜色重。

过于宽长的额头也可以用阴影来收缩，阴影从发际线开始扫，不能超过额头的两个骨点，并且阴影的颜色不能用深棕色，而是用浅棕色或加了一些腮红色的浅棕色。

2. 阴影的颜色和打法

（1）阴影的颜色：阴影的颜色以棕色为主，同时针对不同肤色调整棕色调：暖色调肤色适合偏暖的棕色，冷色调肤色适合偏冷的棕灰色；肤色深暗适合深棕色，肤色明亮适合浅棕色。需要注意的是，阴影是为了收缩脸颊、强调轮廓，因此选择的阴影色调不能是棕红色，这反而会使脸颊看上去比较大而且不自然（图5-1）。

图5-1 不同色调的阴影

（2）阴影的打法：阴影使脸颊变小的同时也可以加强脸部线条的强度或使脸部线条柔和，这就要注意打阴影的手法。对于骨感突出的脸部需要削弱它的硬度，打阴影的时候刷子要沿着颧骨打"O"型，阴影的边缘要自然地融入到底色中去；有些脸部过于圆润饱满，打阴影的手势要拉长，沿着颧骨朝嘴角的方向扫（图5-2）。

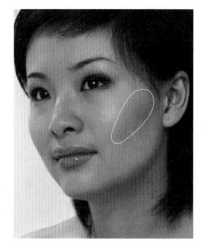

图5-2 腮红位置

二、腮红的作用

腮红的位置在颧骨的周围，根据脸型的不同改变它的面积大小，腮红可以营造面部的立体感、皮肤的红润感和轮廓的圆润感。腮红营造的立体感比较弱，因此更适合在日光的情况下塑造立体感。腮红可以掩盖面部突出的骨感，例如额头、颧骨，让这些部位的硬度减小从而使面部的轮廓柔和圆润。腮红最常用的作用是使肤色呈现自然健康的颜色，特别对于打过粉底的肤色辅助腮红可以使面部的色调在统一的基础上增加透明感。

1. 腮红的颜色和打法

（1）腮红的颜色：在日光下腮红也可以有很多颜色变化，红色基调的颜色及其邻近色如桔红、橙色、浅紫、浅桃红、番茄红都可以作为腮红色，在日常应用中比较深的腮红色在颧骨骨点偏后的位置上，浅色适合打在颧骨骨点上及其周围或面颊的正前方（图5-3）。

图5-3 不同色调的腮红

（2）腮红的打法：根据脸型和妆容风格的变化，腮红的的打法可以分为两种：斜打法和圆打法（图5-4，图5-5）。

图5-4 腮红圆打法

图5-5 腮红斜打法

斜打法的特点是典雅、端庄、骨感、年龄感较强；圆打法的特点是轻松、活泼、圆润、年轻。

（3）不同脸型的腮红修饰

① 脸型较长：腮红打在颧骨下方脸颊中段，过渡到脸颊正前方，刷头呈"O"型晕染，颜色为柔和散开，属圆打法。

② 脸型较短：腮红提高到颧骨上方，朝脸颊前方过渡时以刚及颧骨骨点为宜，颜色散开时略柔和，属斜长打法。

③ 脸型较圆：腮红应从鬓角朝嘴角的方向斜扫，略为过渡到脸颊的正面，颜色比较集中，这样可以加强脸部轮廓的力度，属斜长打法。

④ 脸型骨感：这种脸型如果要增加圆润感，应该用柔和浅淡的腮红色盖住颧骨骨点，并且晕染到脸颊正面，让颜色自然地融入到肤色里，属圆打法。

⑤ 双眼间距宽：腮红应盖住颧骨骨点，朝鼻翼方向扫，属斜长打法。

⑥ 脸型过小：腮红应用浅淡色调，如浅粉、浅橙、浅紫，并扫在颧骨骨点的下方，颜色柔和散开，颧骨上方提亮，属圆打法。

（4）不同妆容风格的腮红修饰

① 日常妆：腮红适合明亮色，可以以颧骨骨点为中心向周围柔和晕染，也可以扫在脸颊的正前方，以圆打法为主。

② 日常职业妆：腮红的纯度下降，可以扫在颧骨骨点上，也可以由鬓角朝鼻翼方向扫，以斜打法为主。

③ 晚宴新娘化妆：腮红用明亮鲜艳的颜色，扫在鬓角到鼻翼的方向，边界要自然地融入到肤色中，属长圆打法。

④ 晚宴化妆：腮红纯度提高，明度中等或偏底，位置从鬓角扫向鼻翼的方向，属斜打法。

⑤ 聚会化妆：这种妆容风格多变，因此腮红的位置不固定，但由于聚会化妆多应用在晚上，因此腮红应该采用纯度较高、明度中等的色调，并辅助以亮粉。

第三节 眼部化妆

眼部化妆是由眼线、眼影、睫毛组成的。

一、眼线

1. 眼线的作用

画眼线并不是单纯地使眼睛变大，有时画了眼线眼睛反而会变小。通过改变眼线的形状长短改变眼型的不足，使眼睛的轮廓加深从而使眼睛更清晰有神。

2. 眼线的位置

上眼线从内眼角开始沿睫毛根部画到眼尾，自然的眼线其实就是把每根睫毛之间的空隙填满，即使加粗眼线也同样要从睫毛根部开始画起。在日常的自然妆容里下眼线通常不画，如果需要则画在眼尾的1/3处，或者用眼影晕染在眼尾1/3处（图5-6）。

3. 眼线的类型

（1）长眼线：眼线拉长并提高到外眼角眼窝处，可以改善较短的眼型或眼尾下垂的眼型（图5-7）。

（2）短眼线：过长的眼型画眼线时应该从内眼角画到外眼角内侧，并且不适合提高眼线的高度（图5-8）。

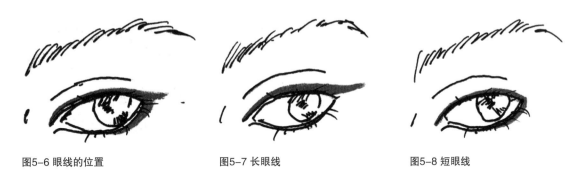

图5-6 眼线的位置　　　　　　图5-7 长眼线　　　　　　　　图5-8 短眼线

（3）粗眼线：上眼睑比较厚或单眼睑的眼型画上眼线时需要适当加粗眼线的宽度。同一根眼线上也有粗细，靠近内眼角的眼线较细，靠近外眼角的眼线较粗。

（4）细眼线：上眼睑单薄或者双眼睑较窄适合画细眼线，双眼睑的眼线宽度不能超过双眼睑宽度的一半。

（5）软眼线：上眼睑比较厚或单眼睑画眼线时可以把画好的眼线用棉签晕染开，使眼线形成一个面，这样比较厚的眼睑会相对变薄，这样的眼线称之为软眼线（图5-9）。

（6）硬眼线：硬眼线是指眼线的边缘清晰干净，没有晕染开的痕迹，双眼睑或单眼睑单薄的眼型都适合这种眼线（图5-10）。

（7）彩色眼线：通常的眼线颜色以黑色为主，这是因为对于黄种人来说，黑色的眼线可以使眼睛的轮廓更清晰，并且能够与黑色的眼球和头发相呼应，在各种场合下与各种妆型都能配合。如果在比较明亮的光线里使用彩色眼线，可以使眼睛更生动富有表现力，同时与眼影的搭配也更整体统一。常用的眼线颜色除黑色外，有棕色、蓝色、紫色、绿色、黄色、白色，在这些颜色中，白色用在下眼线的时候比较多，并且用在深色眼线的内侧，这样的效果是可以使眼睛变大。各种眼型都可以使用彩色眼线。

二、眼影

眼影的搭配方法和画法是固定的，但在应用中根据实际情况如妆型、眼型、场合和潮流的变化做细节调整。可以说，在眼睑这个有限的空间里，眼影的变化是无限的。

1. 眼影的搭配方法

（1）单色搭配：单色眼影是指眼部只有一个颜色或一个色系。这样搭配使眼部整体简洁，在日光下的妆容中使用得比较多，这种搭配依靠颜色的浓淡变化塑造眼部结构，缺少颜色之间的对比，因此对于眼部的立体感表现得较弱，使用时主要考虑和肤色服装的搭配；单色搭配可以使用的颜色很多，如咖啡色系、桃红色系、蓝色系、绿色系、黄色系、紫色系、米色及珍珠白（图5-11，图5-12）。

（2）双色搭配：双色搭配相对单色搭配来说效果更活泼，也容易表现出眼部的立体感。最容易表现出立体感的双色搭配是用棕色与其他浅色搭配，只要注意棕色与搭配色之间的明度

图5-9 软眼线

图5-10 硬眼线

图5-11 黄色调眼影的单色搭配

图5-12 绿色调眼影的双色搭配

对比要拉开距离（图5-13，图5-14）。

其他的双色搭配可以是邻近色搭配，如深蓝—浅紫、深紫—浅玫红，也可以是补色搭配，补色搭配效果生动明亮，然而搭配不当却适得其反，补色搭配时要注意在下面几个方面加以区别：

· 面积上区别，两个补色在面积上不能等同，一种颜色做主色调，另一种颜色做点缀。

· 冷暖上区别，冷暖对比的效果会更活泼。

· 明度上对比，在暗部的颜色比较深，亮部的颜色比较浅。

· 纯度上对比，在日光下的妆容里往往是处于亮部的补色块纯度底，而在人工光线里暗部和亮部的纯度运用就比较灵活（图5-15）。

图5-13 深紫与湖蓝的搭配   图5-14 深紫与浅玫红的搭配   图5-15 深紫与浅黄的搭配

（3）多色搭配：多色搭配是三种搭配方法里最容易塑造眼部立体感的，也是在有色光线下应用得比较多的。多色眼影在使用时可以使用三种或更多的颜色，但是在画好的妆容里眼部颜色不能超过三种，否则眼部色调容易混乱，因此多色搭配时要有一个主色调，以一种颜色为主。多色眼影如果选择补色搭配时，可以在两个补色之间使用一个过渡色（图5-16，图5-17）。

图5-16 深棕、橘红、浅黄的搭配   图5-17 深紫、湖蓝与柠檬黄的搭配

2. 眼影的画法

日常的情况下眼影的固定画法有三种，即颜色过渡法、结构画法和烟熏画法，实际应用中根据个人脸部结构和妆容的区别在技法上做相应的调整。生活妆面的眼影无论怎样变化都是把颜色画在眼眶内部。

（1）颜色过渡法：也叫渐增画法，指一种颜色向另一种颜色的柔和过渡，这种色彩间的过渡变化微妙，颜色之间的边界模糊，因而效果自然，在各种妆容及各种眼型中都可以使用。

颜色过渡法有两种情况，一种是同色过渡，即一种颜色的从暗到明的变化，或者同一色系的色调变化，这种过渡法用在日光下的情况比较多，眼部效果整体统一，缺点是色彩单调，不够生动。另一种是异色过渡，或多色过渡，这种过渡法采用的颜色不少于三种，因此容易塑造眼部的立体感，色彩也具有丰富的表现力。这种技法需要注意的是选用的颜色要有对比，包括面积、冷暖、纯度、明度的对比。这种技法适合使用在有色光源的环境中，同样也适合应用在各种眼型里（图5-18，图5-19）。

（2）结构画法：也叫欧式眼或倒勾画法，是模仿西方人的眼部结构画出的眼部立体效果，这种画法不强调颜色的微妙过渡，而是通过强调两个色块的明暗或冷暖的强烈对比，在东方人比较平的眼部上制造出眼窝凹陷的感觉，因此在日光下这种画法痕迹明显，但在较远的距离或特殊光线下能够表现出强烈的眼部立体感（图5-20，图5-21）。

结构画法对于眼部结构有一定要求，适合眉眼间距相对较宽的眼部结构，而单眼睑比双眼睑画出的效果好。结构画法的风格属于古典类型。

（3）烟熏画法：烟熏眼配合嬉皮士的装扮是一种颓废的风格，但是发展到今天烟熏法有了改进，去除了颓废的因素，而

图5-18 多色彩的过渡

图5-19 同色或邻近色彩的过渡

图5-20 结构画法中多色的使用

图5-21 结构画法中邻近色的使用

变得健康时尚。烟熏眼的画法很简单，没有太多的颜色和结构变化，用一种颜色把眼眶内侧的眼睑盖住，下眼睑也从内眼角画到眼尾。最初这块颜色都采用深色，如深棕色、深灰色甚至黑色，现在的烟熏法选色广泛，从深色（黑色、棕色）到浅色（绿色、黄色）没有局限，只是延续了最初的画法。烟熏法与过去不同的是，在上眼睑主色块的边缘靠近眼眶处可以用一个过渡色，效果会相对柔和（图5-22，图5-23）。

图5-22 冷色调的烟熏法

烟熏法最适合的眼部结构是没有明显眼袋的细长单眼睑，相配合的眉型略粗平并且眉眼间距略宽，而这样的眼妆也要配合束状的睫毛，因此很多时候烟熏眼的上下眼睑都要粘束状假睫毛。双眼睑的人在日常情况下画烟熏眼要谨慎选色，特别是较大眼型的双眼睑日常不能用深色，要用中等明度的颜色如黄色、绿色、浅紫色等。烟熏眼很适合服装发布会上的模特造型，这时的烟熏妆的眼影就要选择深色。

图5-23 暖色调的烟熏法

为了画出健康时尚的烟熏妆，就要注意脸部的其他色块要用明亮轻柔的色调，如淡粉色、浅桃红、桔色，而如果面部采用无彩度或低彩度处理，整个妆面的效果就显得缺少生气。

三、睫毛和假睫毛

如果眼部化妆是整个妆容的灵魂，睫毛就是灵魂的窗户，睫毛的长短、稀疏、颜色是眼部化妆的重要组成。

1. 睫毛

（1）夹睫毛：女性的睫毛长而上翘有助于表现眼神，因此刷睫毛膏前先用睫毛夹将睫毛由根部夹弯，再夹睫毛中段，最后夹睫毛尖部。

（2）刷睫毛：首先保证睫毛膏具有一定的湿度，有附着力，蘸好睫毛膏后先刷一下睫毛的尖部，然后从睫毛的根部朝尖部刷，使整段睫毛都均匀地附着睫毛膏。下睫毛如果比较短，可以用睫毛刷左右刷，刷好后的睫毛在没干时用睫毛梳轻轻梳开，使粘在一起的睫毛分开。

（3）彩色睫毛：睫毛膏的种类很多，不仅有黑色、棕色，还有透明、紫色、蓝色、绿色、红色等，睫毛在整个面部占有的面积很小，即使彩色睫毛也不会象脸部其他色块那样跳跃，因此彩色睫毛适合在较亮的光线下使用，在较暗的光线下彩色睫毛的色彩倾向就很弱。透明睫毛膏可以增加睫毛的长度，但不能使睫毛浓密。对于黄种女性来说，黑色睫毛膏仍然是万全的选择。

2. 假睫毛

假睫毛的种类很多，根据场合、妆面风格选择。

· 单束的睫毛可以在白天的情况下使用。

· 清新风格的妆面使用稀疏纤长的睫毛。

· 晚妆风格可以使用加长加密的睫毛，并根据需要在眼尾多粘半段假睫毛，增加眼尾的厚重度。

· 聚会风格的妆面可以使用彩色睫毛，或夸张眼尾的睫毛甚至金银色睫毛。

表演性质的妆面可以使用更为夸张的睫毛，如纤维制成的睫毛，能强烈加重眼部轮廓，在舞台上富有表现力。

使用假睫毛之前先用睫毛夹夹翘自己的睫毛，然后根据眼型的长度选择适当的假睫毛，在距离内眼角0.2～0.3mm的位置沿眼线粘好假睫毛，调整假睫毛的角度，使之角度自然，最后上一次睫毛膏，这样两层睫毛就成为一层。

第四节 眉毛的修饰

在面部五官中，眉毛的修改余地最大，无论形状、颜色、疏密都可以根据需要重新调整，眉毛在面妆中的地位非常重要，一张没有化妆的脸如果修好眉型就会显得干净清爽，合适的眉毛可以让面部比例、面部表情、妆面风格表达的更加到位。眉毛是要与眼睛相呼应的，即使再美的眉毛也是为了衬托眼睛，如果眉毛的分量超过眼睛，那么面部就会有压抑感，因此处理眼部化妆时需要先画眼睛，然后根据眼妆的浓淡决定眉毛的形状颜色。

一、眉毛的位置

眉毛生长在眉骨上，根据个人的生理特点不同眉毛的覆盖面也有区别，因此就要适合的比例修整眉毛。眉毛的开端在内眼角的垂直线上，终端在外眼角的垂直连线上，眉峰约在距离眉尾1/3处，眉峰与眉尾都不能低于眉头。最重要的是，眉毛不是长在平面上，它长在脸部的半弧面，而眉峰就位于转角前（图5-24）。

图5-24 眉毛的位置

二、眉毛构成和方向

眉毛从生理特点上分为眉头、眉峰、眉尾；从处理手法上分为形状、颜色、疏密，这决定了眉毛的在面妆中的效果和立体感（图5-25）。

眉毛是脸部的线条之一，眉头到眉尾的方向能够引导视线，从而调整脸型的不足；眉毛的颜色是脸部最重的色块，它的颜色要根据与肤色、眼影的对比和整体的体色调来决定。

图5-25 眉毛构成和方向

三、眉间距与眉眼间距

两根眉毛之间的距离称为眉间距，眉毛下缘和眼睛睁开时上眼睑边缘之间的距离称为眉眼间距。眉间距以一个眼睛或两根手指的宽度为标准，眉眼间距不小于一只眼睛的高度。

四、眉毛的长势

眉毛不是平贴在面部的，每根眉毛沿着眉骨向后生长，与皮肤之间留有一定空隙，这使它具有透气性和立体感。从眉头开始，约1/3的长度靠近眼窝，属于整根眉毛的偏暗部，应做虚处理；第二个1/3到眉缝处，这一段眉毛长在眉骨上，是整根眉毛受光最多的部分，因此是眉毛的亮部，做实处理；最后1/3虽然也长在眉骨上，但已经转到脸的侧面，因此在自然的妆面上可以做虚处理，在正规的妆面上则强调这一段的下缘。

五、眉毛在不同脸型上的分布

（1）脸型较短：拉开眉眼间距，抬高眉头和眉峰，提亮眉弓骨，忌平眉。

（2）脸型较长：可以通过降低眉头和眉峰的高度来降低眉的高度，眉毛的角度平缓，忌高挑弯眉。

（3）脸型饱满：这种脸型较大，骨感不明显，因此需要眉型略粗，避免与脸型形成对比。

（4）脸型较瘦：眉毛过于粗浓会与脸型形成对比，适合柔和的形状和色调。

（5）额头较窄：眉毛挑起的角度柔和，眉尾指向太阳穴的方向。

（6）额头较宽：眉峰挑起的角度较大，眉尾指向颧骨的方向，眉峰位置提前，强调眉峰。

（7）两眼间距大：眉头提前，可以略为放低，眉峰位置略为提前，强调眉头。

六、修眉

修眉忌讳把眉毛修成周围都很整齐的形状或者后半段全部拔光，这样会很虚假。修眉实际上是在眉毛上做减法，因此先掌握眉毛虚实就很重要。在整根眉毛中，眉头虚眉尾实，眉毛的上缘虚下缘实。

修眉时眉毛下缘可以用剃刀刮掉或用镊子拔掉最下面的一层，上缘尽量用镊子拔掉，较重的眉头从中间间断地去掉几根，修好的眉型用眉梳朝斜后方梳理，然后将自然垂下的较长的眉毛沿眉毛下缘剪掉，注意不要剪得太短。

修好的眉型应该露出眉弓骨，以便于刻画眼影。

七、画眉

画眉是在眉毛上做加法，画眉的原则是"缺一补一"，即补出色调不足的地方，不需要全部重新画过。

（1）方法一：用眉刷蘸取接近发色的眼影粉刷出大致眉型，再用黑色眉笔补出色调不足的地方，一般补在眉头或眉尾下缘，最后用眉刷把笔迹明显的部位晕开，这种画法效果轻松自然。

（2）方法二：用棕色或灰色眉笔沿着眉毛的长势一根根画出眉型，然后用黑色眉笔加以强调，最后用眉刷把两种笔迹刷匀，这种画法眉型清晰修饰感强。

（3）方法三：对于形状和颜色都适中的眉毛，画时只需用透明睫毛膏或与脸部色调统一的睫毛膏从眉毛前端朝后梳理，再用亮色扫过眉尾下缘及眉弓骨，这种画法效果自然，没有修饰痕迹。

· 画眉须知：

忌讳从眉头拉长线画，而应该在眉毛上画虚线，就像在画长好的眉毛一样。

忌讳用黑色笔直接画，因为黑色一旦画坏很难修改，而且容易将眉毛画得过重。

第五节　唇部化妆

唇部颜色是脸部的大色块之一，它的形和色直接影响整个妆面的风格和美观。在脸部化妆中，眉型的少许不对称不会影响到整个妆面的美感，有时还会有生动的效果，但唇型的不对称则会严重影响到整体的美感，因此画唇时要注意：①形状与脸型、原有唇型是否协调；②唇峰角度是否自然；③左右弧度是否对称；④唇线与唇膏色彩是否均匀；⑤唇的质感表现是干的、湿的或油的。

一、唇的构成

唇型中有8个点，画唇线时用柔和的弧线将这8个点连接起来，就是唇的型。唇的向前凸起的造成了它的立体效果，这是由于唇是由三个唇珠构成，上唇唇峰处有一个弓型的线条称为"丘比特弓"，丘比特弓下的上唇有一个凸起，就是上唇的唇珠，下唇中线的两边各有一个凸起，是下唇的唇珠，着色时根据三个唇珠调整色调的变化和高光，唇部的空间立体感才能表现出来（图5-26）。

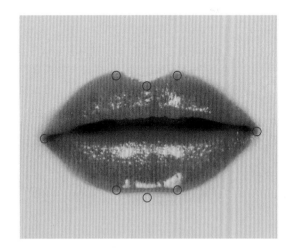

图5-26 构成唇型的点

二、唇色的选择

选择唇色时有几种情况：

（1）与肤色协调：唇色主要是与肤色协调的，因此肤色是选择唇色时直接考虑的因素。

（2）与腮红协调：唇色与腮红必须是同一色调，但可以在明度上变化。

（3）与眼影协调：唇色与眼影同一色调会形成整体的妆面，效果柔和。操作时可以在明度上与眼影做对比。

（4）与眼影对比：可以在色调上对比，也可以在纯度和明度上对比，这种画法效果生动活泼。

三、唇的画法

（1）用粉底轻轻盖在唇部包括嘴角的死角处。

（2）勾勒唇型线条，用比唇膏略深的同色系唇线笔画出唇型。上唇从嘴角画到唇峰，下唇从唇部中间画到嘴角。生活妆面中的唇型扩大或缩小只能在上下1mm的范围内，因此正常的唇型画唇线时应该画在原有唇线的内侧约1mm处。画好唇型应把嘴张开，检查嘴角处的唇线是否连接上。

（3）用细笔把调好的唇膏色均匀地盖在唇部，注意把唇膏填进唇部的纹路里，唇线也要融入到唇膏中。

（4）用纸巾吸掉多余的油分，如果要唇妆持久可以再上一次唇膏。

（5）在唇珠上涂唇彩增加唇部滋润感。

四、唇部的亮度

增加唇部的亮度有这样几种方法：

（1）用与唇膏同色系的浅色唇膏涂在唇珠部位，边缘要均匀。

（2）用明亮的唇彩盖住唇珠甚至更大的范围。

（3）用对比的手法，即与唇膏主色调有补色倾向的颜色涂在唇珠上，如偏冷紫色调的唇膏可以在高光处涂金色或黄色系的颜色，偏暖红色调的唇膏可以在高光处涂浅紫蓝色系的颜色，这种对比手法适合用在较浓重的妆面上，效果华丽。

成功的局部化妆应该是虚中有实，实中有虚，结合人的自然条件去处理就可以得到自然微妙的效果。而观察方法也很重要，人的五官不是平贴在脸上的，而是分布在像半个蛋壳一样的脸上，因此画好后的局部应该从各个角度去观察，实际上熟练的化妆师在化妆之前就已经在心目中勾画好了这些样子。局部化妆时还有最重要的一点，就是不要忘记被画的对象是活动的，他（她）的表情也是需要考虑的因素，不好的表情能够毁坏一张完美的妆容，考虑表情因素就可以在化妆时尽量弥补。

第六章

场合化妆技法

第六章 场合化妆技法

化妆造型是千变万化的。历代不同的妆容特色、各类时尚展示、各个时期的化妆潮流，都为我们展示出不同类型的妆面，但是无论如何变化，造型的元素是不变的，不同的妆面造型只是把各种元素打破后根据不同需要重新组合的结果，分析这些需要是化妆前必须的工作。

■化妆场合

现代人越来越追求细致、高质量的生活，丰富的生活方式离不开各种场合的变换，例如约会、购物、求职、赴宴、聚会，每种场合都有其特定的环境、气氛、光线，随着社交礼仪的完善，环境的转变要求人的外观形象也应该随着这些客观条件而变化，这样才能更好地适应各种场合的需要，与场合相协调。在日常生活环境的要求下，环境变化主要是环境气氛和环境光的变化，并不需要对人做出夸张的造型设计，造型要贴近人本身的形象气质，因此适合强调细节，在化妆造型中表现为色彩的变化和搭配。

根据场合的变换，日常的化妆造型可分为日常妆、日常职业妆、婚宴新娘妆、晚宴化妆、聚会化妆等等，在这些场合变换中，首先需要注意的是场合中的光线、与他人的距离、场合的气氛和特点；其次要考虑个人风格和面部特点，根据这些去设计化妆造型。无论何种造型，化妆始终是形与色的变化组合，不同的妆型变化就是不同的形与色的组合。

一、日常妆

日常环境包括购物、约会、旅游等，主要环境特点是处于日光的条件，或者接近日光的人工光源，由于日光的色彩还原性，肤色和化妆用色会真实地还原出来，而肤色和化妆用色的结合痕迹也极易显露。在所有色彩中，高纯度的色彩会和皮肤形成很大的反差而显得质地粗糙刺眼，因此在色彩的选择上避免使用高纯度的颜色，而低纯度、高明度的色彩在日光下容易与皮肤融合并且痕迹自然，同时这些场合的气氛休闲放松，具有很大的包容性，可以适当强调个人风格，妆面应体现个人的风格、特点和审美趣味。在日光条件下，妆面轮廓的刻画上不适合过于强调五官的形，这容易造成生硬的面部感觉，因此日常化妆妆面从轮廓处理和用色上应该有一种柔和、自然的效果（图6-1）。

图6-1 日常妆的常用色调

◎化妆步骤

①原型 ②打粉底 ③用散粉定妆

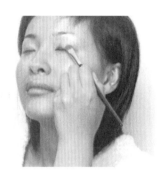
⑤画眼影

④画眼线

⑦贴假睫毛

⑧刷睫毛膏

⑥画眉

⑨打腮红

⑩画唇彩

图6-2 日常妆

图6-3 完成效果

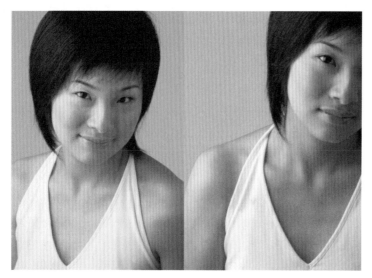

图6-4 日常妆

妆型色彩搭配图标

　　这款妆型针对模特自身的气质和五官特点，设计了自然的局部轮廓，色彩上选择了与本人体色协调的偏暖色调，并使用了单束假睫毛，使眼睛增添神采的同时也保留自然的本色。整个妆型搭配修剪成有层次的发型，营造出轻松自然的造型，适合在休闲的场合使用（图6-4）。

　　二、日常职业妆

　　日常职业妆的环境的光源特点与日常妆接近，即光色能够真实还原肤色和化妆色，但是它有自己的特殊性，也就是场合的性质和气氛与日常环境不同，日常职业妆只限于在工作、求职中使用。工作和求职的环境空间较小，环境气氛比较紧张，而工作时要考虑到职业对人的要求，这与日常环境是有区别的。工作时人们不能处于松懈的状态里，而是要端庄、得体、大方、沉稳、干练且具权威感，除去一些具有创造性及自由度很大的工作外，大多数的职业特点是不能过于强调女性化的特点和过多的个性风格，细而高挑的眉毛、上翘的眼线、炫彩的眼影、艳丽的唇部都是女性化的特征，这些特征会削弱职场女性的端庄沉稳的气质特点。

　　职业化妆不仅要遵循日常化妆的色彩规律，而且相对日常妆来说在用色上要求更加严谨。职业妆的五官轮廓以自然为主，线条表现上要有一定力度感，因此在眉峰、唇峰等部位要略带角度，嘴角处、眉峰下需要有清晰的轮廓从而表现清晰干净的五官。此外线条的软硬感也直接影响妆面的力度，例如眉型和唇型都适合略粗直的线条，侧重于刻画线条的硬朗效果。在色彩的选择上职业妆倾向于低纯度的偏冷色或中性色，例如深咖啡色、浅咖啡色、米色、淡黄色、紫灰色、青紫色、蓝灰色、蓝绿色，一些比较柔美的色彩如橙色、桃红色在职业化妆中需谨慎使用，而易表现甜蜜感的粉嫩色如粉红、粉蓝等色调更要慎用，这些色调极易造成浅薄的脸部效果。总之，职业化妆应该有一种带有修饰感、素淡硬朗、得体内敛的效果，与其他妆面相比，这一类职业化妆在造型上强调的是型的塑造而不是颜色的表现，在妆面风格上更注重与环境的融合而非个性风格的表达（图6-5）。

图6-5 日常职业妆的常用色

◎化妆步骤

①原型

②打粉底、定妆

③画眼线、眼影

④画眉

⑤刷睫毛膏

⑦画唇线

⑥画腮红

⑧画唇膏

⑨整理妆容

图6-6 日常职业妆

图6-7 完成效果

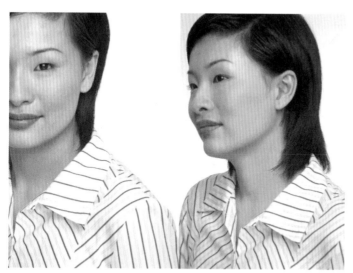

图6-8 日常职业妆

妆型色彩搭配图标

　　这款妆型保留了模特自己的五官特点，主要在颜色上做调整。整个妆面的色调采用偏冷色调，眼影使用浅紫灰色调，并在下眼睑使用珍珠白眼影，可以衬托出眼睛的明亮。用浅紫色调腮红色斜扫在颧骨上，唇膏采用比较深的紫红色调。偏冷色调的妆面配合打理干净的发型，可以有一种清爽干练的形象，适合在工作时使用（图6-8）。

三、婚宴新娘妆

　　婚宴新娘妆设计应该从两方面考虑，一是环境因素，二是人的因素。从场合上来看，婚礼是一个特殊的场合，整体环境具有庄重、温馨、美好的氛围，在环境挑选上，一部分婚礼选择在室外举行，还有的婚礼选择在室内举行，因此应该区别对待。在室外举行的婚礼，周围的景物与草地、鲜花、洋楼以及浅色的桌椅饰物有关，光线属于自然光，环境宁静自然，体现一种和谐安详的感觉。在室内举行的婚礼，基本都选择有一定规模的大厅，相较于前两种妆面环境来说，空间环境有一定限制但却比较宽松，这种环境空间为妆面的深入刻画留有余地。环境里的光线柔和明亮，整体环境布置和光色以偏暖色为主（图6-9）。

　　新娘是婚宴场合里的焦点，是婚宴上亮丽的风景，也是人生的美好回忆，这个造型需要进行细致的前期设计、磨合和准备。由于婚宴环境空间比较宽敞，并且婚宴本身具有很大特殊性，因此决定了新娘的造型可以与日常形象拉开距离，要能够带给来宾一种惊艳感。无论婚宴环境在室外或室内，新娘都应保持端庄大方、优雅精致的整体形象，但这并不等于新娘妆要夸张虚假，新娘化妆应该侧重于清新、甜美、感性、健康、喜庆、娇艳，并且烘托新娘与众不同的气质，注重整体的协调性。此外，无论在室内或室外，新娘与来宾会有比较近距离的接触，在妆面浓淡上要把握好分寸。在室内婚宴的场合下，多以柔和的暖色光为主，光线没有日光的强烈直接，同时光线中的色素会削弱脸部用色并弱化五官轮廓，同时考虑现场拍照摄像的需要，脸部处理上要求加强轮廓感和色彩感，轮廓上强调清晰的五官形状，五官线条适合采用柔软圆润的弧线条，如眉毛呈现修整过的干净纤细、自然弯曲的形状，眼线在眼尾处适当延长并上扬，唇型突出唇部的圆润饱满、小巧感等。

新娘妆的整体色彩选择要以纯净为主，底色要具有健康红润、白皙光洁的效果，避免使用棕色、咖啡色系、灰色等，这些颜色会使妆面暗淡，缺少生气，而一些偏暖、偏红色系是较好的选择，如玫瑰色系、桃红色系、橙红、橙色、桔色等，能够制造出柔和甜美的脸部效果。此外，明亮而干净的偏冷色如粉绿、粉蓝、浅紫等也是很好的选择，与偏暖色不同的是，这些颜色可以反衬出妆面的亮丽，更容易产生明艳的效果。红色、红橙色等系列颜色有强烈的视觉冲击力，很容易吸引别人的注意力，同时能衬托出妆面的妩媚，又带有喜庆色彩，也是新娘化妆很好的选择，如果室内的光线偏暗或偏暖，这些颜色与肤色也能很好的衔接。

另外，细节部位的精致感是婚宴新娘妆必不可少的，如美目胶带、假睫毛能使眼部轮廓加深从而使眼睛更有神采，带有珠光效果的亮粉也是制造夺目效果的道具。

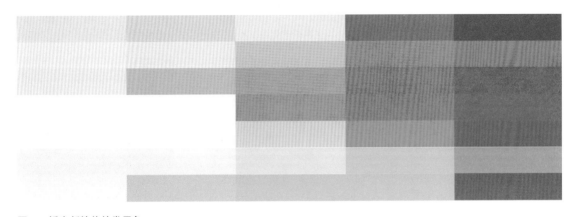

图6-9 婚宴新娘妆的常用色

◎化妆步骤

①原型

②打粉底、定妆

③画眼线

④画眼影

⑤画眉

⑥精心描画眉毛线条

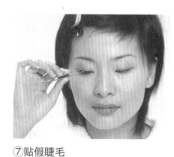

⑦贴假睫毛

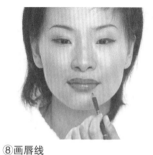

⑧画唇线

⑨画唇膏

⑩在唇上使用珠光亮粉

图6-10 婚宴新娘妆

图6-11 完成效果

图6-12 婚宴新娘妆

妆型色彩搭配图标

　　这款妆型在五官轮廓和色彩上都做了较大的调整，眼线比原有的线条拉长、提高，眉毛、唇部的弧度柔和自然，色调上采用桃红、浅粉色调，并使用细腻的珠光亮粉；在眼线的位置粘贴纤细修长的假睫毛。柔和的五官和淡雅却不失女性味道的色调配合少许发饰可以塑造出温雅恬淡又妩媚的女性形象，适合新娘身份的女性（图6-12）。

　　四、晚宴化妆

　　晚宴化妆属于生活化妆，但它是生活化妆里是最隆重的一个妆面，晚宴妆主要应用在赴宴、出席酒会等重要场合上，这些场合环境优雅，是重要的社交场合，灯光、布置、用具非常考究，来宾以优雅的着装体现个人的身份、地位、修养，因此外观形象显得非常重要。

　　设计晚宴化妆造型有以下几个重点，一是环境的空间大小、环境的灯光色及明亮程度和环境的风格、氛围；二是晚宴造型要能够体现个人的风格和气质，因此晚宴化妆可以分为很多种类型，例如高贵型、优雅型、清新型、可爱型、中性型、风格型等，尽管类型很多，但是由于场合的相似，这些妆型还是有相同的处理手法；三是晚宴造型相比其他造型更主要整个造型的整体性，如服装、饰物、发型，化妆不能作为独立的一部分出现。晚宴造型要在强调个人风格的基础上，把握好各个因素之间的关系，做到造型与环境、个性与分寸的融合协调。

在面部处理上，由于此类场合光线以人工光线为主且带有有色光，则需在面部轮廓上加强健康和立体的感觉，因此两颊可以扫上淡咖啡色的阴影，或者用偏暗色调的腮红，可以选用棕红、番茄红、珊瑚红、橙红等色调，阴影和腮红的处理以光线的强弱为调整依据，光线越强，阴影和腮红越浅亮，光线越弱，阴影和腮红越深暗，需要注意的是，咖啡色阴影和腮红尽量分开使用，以免影响整体妆面的亮度。在五官的处理上，五官轮廓可以略微夸张，强调高挑精致的眉型，延长并提高眼尾线条和清晰饱满的唇部，使脸部呈现精致感。

在色彩处理上，晚宴妆面的底色不要求很白，甚至可以略暗，底色的色彩选择范围很大，主要用底色强调肤色的整体性以及与其他化妆色彩的搭配，也要注意和环境光线的协调性。眼影和唇色要用饱和度高、中等或低明度的华丽色彩，有时可以用带珠光的亮粉、粉底和眼影增加亮度，需注意的是，珠光亮粉要慎用，太多的珠光亮粉反而会使妆面质感粗糙（图6-13）。

假睫毛在晚宴化妆中也使用得比较多，由于在晚宴场合避免不了近距离接触，在假睫毛等化妆用品的选择上要尽量选择效果自然、优质的产品。

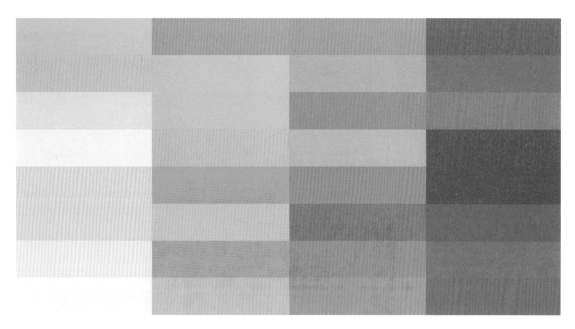

图6-13 晚宴化妆的常用色

◎化妆步骤

②打粉底、定妆

①原型

③画眼线

④画眼影

⑤提亮眉弓骨

⑥画眉

⑦贴假睫毛

⑧刷腮红

⑨画唇线

⑩画唇膏

图6-14 晚宴化妆

图6-15 完成效果

图6-16 晚宴化妆

妆型色彩搭配图标

　　这款妆型使用浓重的色彩和加重的五官轮廓，表现女性的成熟妩媚。拉长加粗眼线，眼影色调采用墨绿、橙黄，粘贴加密加长的假睫毛，眼部使用浅金色珠光亮粉；腮红用橙色斜扫在颧骨上；唇部使用深金橙色和圆润的轮廓。妆面和发饰的配合适合在正式、隆重的场合（图6-16）。

　　五、聚会化妆

　　聚会化妆应用的场合一般是在晚上，这种场合的特点是光线比较暗，有明显的光色，有时光的颜色和亮度会有变化。聚会环境的特点是人与人的空间很近，气氛比较轻松甚至热烈，这就要求整个妆面不注重强调轮廓的立体感，而是突出色彩感、光亮感、时尚感和妆面的轻松氛围，同时侧重强烈的个性色彩刻画。

　　在妆面的轮廓处理上着重五官、特别是眉眼的刻画，因此会使用假睫毛、美目胶等工具，目的是通过加深眉眼的轮廓感，从而使脸部的轮廓分明。眉型以自然细致的形状为主，如果强调轻松自然的气氛，唇型也不需要描画唇线。

　　在比较暗的环境中，色彩是整个造型的重点。妆面的立体效果、妆面的氛围、妆面的个性在较暗的环境中都适合通过色彩去表现。聚会化妆在生活化妆中是环境因素最为复杂的一个妆面，无论是空间、背景、光线都有着不确定的因素，这些不确定的因素要求色彩的选择既要考虑人的因素，也要充分考虑客观的环境因素。总体来说，聚会化妆的色彩选择适合使用一些明亮的暖色，例如金色、明黄色、番茄红、红橙色，冷色调选择要考虑环境光色的特点，如果选择冷色，需选择纯度较高的色彩如苹果绿、黄绿色、苔绿色、翡翠色、橄榄色，或者宝石蓝、天蓝色、冰蓝色、夜蓝色等，并且辅助一些珠光粉增加亮度，金色、银色也是表现个性的不错选择。整体妆面避免使用深暗色调，如咖啡色、灰色等色彩（图6-17）。

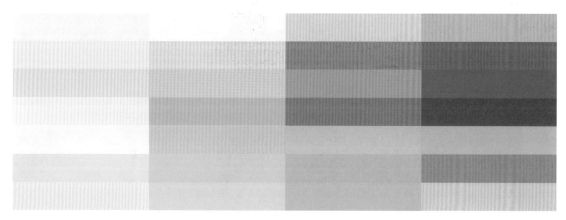

图6-17 聚会化妆的常用色

◎化妆步骤

①原型

②打粉底、定妆

③画眼线

④眼线加长加粗

⑤画眼影

⑥提亮眉弓骨

⑦画眉

⑧刷腮红

⑨画唇彩

图6-19 聚会化妆

图6-20 完成效果

图6-21 聚会化妆

妆型色彩搭配图标

　　这款妆型采用了夸张的五官和艳丽的色彩对模特进行了较大程度的改变。在上下眼睑使用蓝色和深灰色眼影，用浅蓝色珠光亮粉扫在眉骨上，并在上下眼睑都粘贴假睫毛；用浅粉色调的腮红扫在脸颊前部；唇部使用淡粉红的唇彩。妆面配合蓝色的假发营造出活泼欢快的氛围，适合在聚会时使用（图6-21）。

　　六、烟熏妆

　　烟熏妆在生活化妆中是一种比较夸张的妆面，妆面的重点是使用深色调和假睫毛来突出眼睛在整体妆面中的份量。烟熏妆的使用非常广泛，通过对烟熏妆色彩的变化和对眼睛的夸张程度，可以在很多场合中应用，如在T台表演、平面拍摄、聚会甚至生活中都有使用。

　　烟熏妆并不突出表现五官线条。在烟熏妆中，眼影通常使用黑色、深灰色、咖啡色或金属色从眼睑处层层晕染，一直晕染到眼眶处，下眼睑也使用相同色从内眼角晕染至外眼角。这种层层晕染的效果使整个眼睛被包围在同一色调中，既能造成眼睛增大的效果，也使眼神更为柔和。

　　由于妆面的目的是突出眼睛，在画脸部其他部位时通常采取弱化的技巧，如淡色的唇彩、较粗且淡的眉毛，以及明亮健康的肤色，用以对比深色的眼妆（图6-22）。

图6-22 烟熏妆的常用色

◎化妆步骤

①原型

②打粉底、定妆

③画眼线

④浅色提亮眉弓骨

⑤深色晕染上眼睑

⑥深色晕染下眼睑

⑦上下眼影融合在一起

⑧刷睫毛膏

⑨画眉毛

⑩刻画眉毛轮廓

⑪刷腮红

⑫用阴影色收缩下颌

⑬画唇彩

⑭整理妆面

⑮完成

图6-23 烟熏妆

图6-24 完成效果

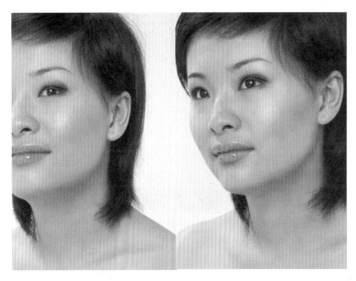

图6-25 烟熏妆

妆型色彩搭配图标

　　这款妆型着重使用单一的色彩对模特的眼睛进行修改。用深棕色和黑色眼影晕染在整个眼睑部，亮部采用浅象牙色和浅紫色，使用细腻的珠光亮粉；眉毛的形状不需要太夸张；腮红和唇膏使用健康的浅粉红色调。这个妆型突出表现了眼睛，而弱化其他部位，显示出人物的个性。假睫毛的使用也是烟熏妆的技巧之一。这款妆面可以使用单束浓密型假睫毛，下睫毛也如此（图6-25）。

　　以不变应万变，这是化妆师必须了然于胸的。每个人都具有与众不同的气质和外观特点，固定的化妆技法和色彩选择并不能适用于每一个人，而化妆造型也不是独立存在的，它除了必须和个人的五官特点协调之外，还要和发型、服装、饰品、风格相协调。更重要的是，完成后的化妆造型必须适合将要出席的场合环境。化妆之前把这些因素都考虑进去，才能做出完美的造型。

第七章

化妆造型与整体风格

第七章 化妆造型与整体风格

　　风格是指艺术作品在整体上呈现出的具有代表性的独特面貌，风格不同于一般的艺术特色或创作个性，它是通过艺术品表现出来，相对稳定、更为内在和深刻，从而更为本质地反映出时代、民族或艺术家个人的思想观念、审美理想、精神气质等内在特性的外部印记。整体造型风格是指由化妆、发型、服饰修饰过的人体结合个人的气质、流行、设计师的创意等表现出来的形式与内容的综合体现，风格是整体造型的灵魂，化妆是整体造型风格的一部分，化妆的最终目的是为整体造型服务，与整体造型风格的统一、和谐才是化妆的关键所在。在对整体造型风格的表现中，着重表现两个方面：一是对个人风格的表现，这需要了解发掘个人的内在，并通过外部造型明确定位，在这种表现方式中，化妆、发型、服饰及整体风格都可能成为表现重点，同时需要对个人外部形象及内在气质的深入了解；二是设计师对自己创意的表现，这种表现也很多样化，设计师自身的修养、生活经历、审美等因素左右着最后的风格，也会结合当下的流行、造型的目的等因素设计最后的风格造型。

　　在对整体风格的表现中，既可以强化也可以弱化妆面的处理，而脸部则通过线条、色彩与五官脸型的结合反映妆面风格。

■整体造型风格一

　　◎休闲感的中性造型（图7–1～图7–3）

图7-1 造型妆面　　　　　　　妆型色彩搭配图标

图7-2 妆面与服装、发型结合的整体造型

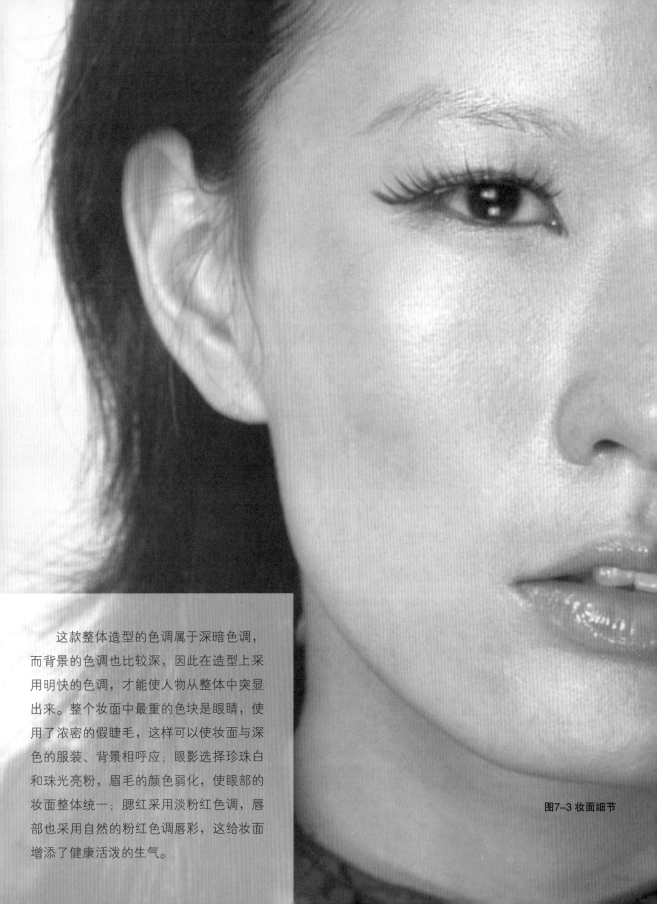

这款整体造型的色调属于深暗色调，而背景的色调也比较深，因此在造型上采用明快的色调，才能使人物从整体中突显出来。整个妆面中最重的色块是眼睛，使用了浓密的假睫毛，这样可以使妆面与深色的服装、背景相呼应；眼影选择珍珠白和珠光亮粉，眉毛的颜色弱化，使眼部的妆面整体统一；腮红采用淡粉红色调，唇部也采用自然的粉红色调唇彩，这给妆面增添了健康活泼的生气。

图7-3 妆面细节

■整体造型风格二

◎平面拍摄创意造型（图7-4~图7-7）

图7-4 妆面色彩　　　　图7-5 妆面色彩与服装色的呼应　　　妆型色彩搭配图标

图7-6 妆面与服装、发型结合
的整体造型

图7-7 妆面整体效果

　　这款造型的色调是明快的玫瑰色，脸部的色调也选择了相同的玫瑰色。为了使妆面与整体的色调在呼应的同时不过于呆板，在妆面上采用了不对称的画法，不对称的画法体现在眼影上，使眼影分别分布于上下眼睑。腮红与唇部使用淡粉色调做正常的弱化处理，以使整个妆面更加突出表现眼睛。

■整体造型风格三

◎都市感的时尚造型（图7-8，图7-9）

图7-8 造型妆面

妆型色彩搭配图标

图7-9 妆面与服装、发型结合的整体造型

　　这个造型整体色调为冷色，以蓝白为主，因此妆面的色调也使用了偏冷色调，珍珠白、亮蓝色、紫粉色，这些色调与背景和服装形成了统一的整体，而下眼睑的淡紫色又为妆面的色调增添了渐变的效果；眉毛的弱化处理加深了眼部的色彩感和轮廓感。唇色使用浅橙色，使妆面色调在对心中呈现活泼的效果，妆面的处理与服装形成了相互呼应又相互协调的关系。

■整体造型风格四

◎轻松感的度假风格（图7-10，图7-11）

图7-10 造型妆面

妆型色彩搭配图标

图7-11 妆面与服装、发型结合的整体造型

　　这款造型的整体色调属于淡色明亮色调，因此在处理妆面时需要有一个比较重的色块使整体色调不过于轻浮，这个重色块就是眼影色。眼部采用黑色、淡紫色和珍珠白珠光亮粉，并使用浓密的假睫毛使眼睛的轮廓增大。腮红与唇部采用樱桃红色调，使妆面多了一些柔和的气息。

第八章
化妆的建议

第八章 化妆的建议

第一节 正确卸妆

正确地卸妆可以清除皮肤毛孔中残留的化妆品、灰尘和油脂，有助于皮肤尽快地恢复到轻松的状态。妆面中有很多细节部分很难卸除干净，如睫毛、眼线、眼影，因此卸妆时应该首先卸除这些地方。

（1）睫毛膏的卸除：卸除睫毛膏的时候可以用一张纸巾垫在下眼睑，然后闭上眼睛，用蘸取卸妆水的棉签轻轻地把睫毛膏擦到纸巾上。

（2）卸除眼线：卸除眼线时用蘸取卸装水的棉签沿着眼睑根部擦掉眼线，注意眼线要卸除干净，并尽量不要将化妆水擦到眼睛里。

（3）卸除眼影：卸除眼影，先把卸妆油涂到上眼睑，用手指轻轻地把卸妆油揉开，使卸妆油能充分地带出毛孔里的眼影粉，再用纸巾擦掉。卸掉上眼睑的眼影后，再用棉签用同样的手法卸除下眼睑。

（4）卸除唇妆：眼部化妆卸掉后，用卸妆油卸除唇部化妆，然后是整个面部用卸妆油卸掉，最后用温水清洗。如果用比较热的水清洗面部后，应该再用冷水轻拍面部，使皮肤保持弹性。需要注意的是，偏干性皮肤不适合用热水洗脸。

（5）卸妆后的护理：卸妆之后的护理也很重要。洗脸后的皮肤不会马上分泌油脂，皮肤里的水分很容易蒸发，因此需要补充水分，这时可以在脸部容易出油的地方拍上清爽型的收敛水，比较干的皮肤需要用滋润型的爽肤水，等水分被皮肤充分吸收后，在眼部涂上保养型的眼霜，脸部涂上保湿的晚霜，基本的皮肤护理就可以完成了。

第二节　正确补妆

大部分的妆面画好以后需要持续较长时间，在这个过程中眼影、粉底、唇膏等都会有不同程度的脱落，脱落程度视温度、皮肤性质、化妆品的性质而定，如果不在室外活动，一般相隔四个小时左右就需要补妆。

（1）粉底补妆：画好的妆面中粉底脱落最难补妆，因此容易出油的部位打粉底时要略厚。脱落严重的粉底先要用干净的海绵把残留的粉底拍掉，再用略湿的海绵蘸少许粉底轻压在脱落的地方，然后用定妆粉或两用粉饼补在粉底上。脸上局部出油引起粉底脱落可以先用纸巾吸掉油脂，再用两用粉饼补妆，注意后补上的粉底与原来粉底的衔接。

（2）眼影与唇膏的修补：眼影与唇膏的修补也要先吸掉油脂，并把残留的唇膏擦去，再画出轮廓上色。眼角、鼻翼、嘴角这些细小的地方容易出油、出皱，补妆时用棉签擦掉残妆，再用一只小号眼影刷蘸上两用粉饼填补。

第三节　完美妆面的细节处理

打粉底的目的是为了制造出完美的皮肤，完美的皮肤应该经得起仔细推敲，这就要求细节处理要恰到好处，如下眼袋、鼻翼、眼角、嘴角、发际线也要用同色的粉底覆盖掉。

杂乱的眉毛平时可以经常用眉梳朝正常的方向梳理，或用透明的睫毛膏向自然的方向粘牢，化妆时画好的眉毛也可以用这种方法给眉毛定型。

修眉要在化妆之前脸部清洁的情况下进行，修眉前可以先用温水热敷眉毛，修好后再用冷水轻敷收缩毛孔。

清晰的眉型除了要强调眉尾外，更重要的是要用脸部的最亮色把眉尾下的眉弓骨提亮。

因为眼袋是立体的，在日光下就很难遮盖住，黑眼圈可以掩盖掉一些。遮盖黑眼圈的时候不能用特别亮的粉底，用比眼圈的色调略亮的颜色遮盖，眼影避免使用深色系和极冷色调（除非在浓妆情况下），而采用温暖明亮的色调，这样就可以减弱黑眼圈的颜色。

很多人画眼影时往往忽略下眼睑，即使眼影是浅色调也要把上下眼睑的眼影结合起来画，这样整个眼部有整体感，画下眼睑时要连接到颧骨的高光处，用大号眼影刷蘸取亮色刷到高光处，与腮红连接起来，并把边界线晕开。

如果想让唇线与唇膏合为一体，画好唇线后用唇线笔把唇线的颜色轻轻扫到唇部，使它形成一个面，再上唇膏就可以盖住了，但唇线与唇膏的颜色一定是同一色系的。

妆面完成后要整理，整体观察底色是否统一，用眼影刷蘸取与底色同样的粉把眉毛的下缘、嘴唇的轮廓尤其是嘴角的皮肤重新遮盖。

注意妆面底色与发际线、耳后皮肤颜色的衔接。

第四节　无缺点的脸不一定有神采

化妆不要一定去掩盖一些很难掩盖的缺点，而是应该把缺点变成特点。

化妆要有重点，突出一些想表达的，如五官、肤色、脸型、色调或风格，避免面面俱到。

第五节　亮唇与油腻的区别

不是任何时候都需要用唇彩来提高唇部光泽度，在一些庄重的场合更适合哑光的唇膏。

即使需要用唇彩也不是都涂在整个唇部，日光下使用有微量色调的唇彩可以涂在整个唇部，这时可以用浅色唇线甚至不用，而典雅风格的妆面唇彩只能涂在下唇的中间，可以根据唇的形状调整唇彩面积。

细节往往影响整体效果，经验丰富的化妆师判断一个妆容的好坏是从细节开始的，注重细节的处理也体现了化妆师的细致入微的素质，而合格的化妆师在把握细节的同时也不能忽略整体，毕竟细节是为整体服务的，这种观察方法的训练有些时候要比单纯的技法训练更重要也更难把握。

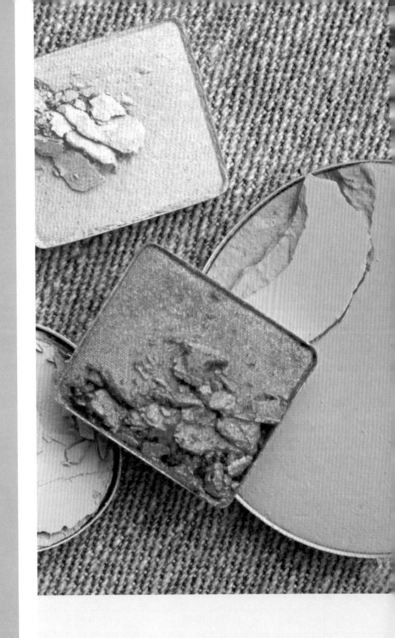

第九章
四种肤色类型色彩搭配图表

第九章 四种肤色类型色彩搭配图表

　　每一种肤色都能找到属于自己的颜色范畴，在这个颜色范畴里，通过变换局部颜色的纯度、明度和色彩的搭配方法，就可以得到不同风格的妆面，以下就是通过调整色彩改变妆面的整体风格。

　　一、冷色调明亮肤色

	浪漫型	甜蜜型	梦幻型
胭脂			
唇色			
适合色彩			

	优雅型	华贵型	都市型	古典型
胭脂				
唇色				
适合色彩				

二、冷色调深暗肤色

	浪漫型	甜蜜型	梦幻型
胭脂			
唇色			
适合色彩			

	优雅型	华贵型	都市型	古典型
胭脂				
唇色				
适合色彩				

三、暖色调明亮肤色

	浪漫型	甜蜜型	梦幻型
胭脂			
唇色			
适合色彩			

	优雅型	华贵型	都市型	古典型
胭脂				
唇色				
适合色彩				

四、暖色调深暗肤色

	浪漫型	甜蜜型	梦幻型
胭脂			
唇色			
适合色彩			

	优雅型	华贵型	都市型	古典型
胭脂				
唇色				
适合色彩				

附录　化妆品及化妆工具名称的中英文对照

彩妆类

爽肤水——toner

乳液——lotion/fluid/milk/emulsion/sorbet/
moisture/solution

膏状乳霜——cream gel

隔离霜——protector screen

粉底——foundation/makeup

遮瑕膏——blemish remover

散粉——loose powder

粉饼——powder cake

彩色修容粉/闪粉——shimmering powder/
glitter

眼影——eye color/eye shadow

眉粉——brow powder

腮红——blusher

睫毛膏——mascara

唇膏——lip color/lipstick

工具类

修眉镊子——manual depilatory device for
the eyebrows

电动剃毛器——electric shaver-for women

转笔刀——pencil sharpener

棉签——Q-tips

美目贴——small pieces of plastic applied to
the eyelid that are used for giving
one the appearance of having a
"double eyelid"

海绵粉扑——sponge puffs

粉扑——powder puffs

电动卷睫毛器——electric lash curler

眉笔——brow pencil

眼线笔——eye liner/eye pencil

唇线笔——lip liner

假睫毛——false eyelashes

笔刷类

粉刷——cosmetic brush/face brush

胭脂刷——blush brush

眼影刷——eye shadow brush/shadow
applicator

眉刷——brow brush

唇刷——lip brush

吸油纸——oil-Absorbing Sheets

化妆棉——cotton pads

睫毛夹——lash curler